# LUFTSCHRAUBEN-UNTERSUCHUNGEN

BERICHTE
DER GESCHÄFTSSTELLE FÜR FLUGTECHNIK DES SONDERAUSSCHUSSES DER JUBILÄUMSSTIFTUNG DER DEUTSCHEN INDUSTRIE
FÜR 1913–1915

VON

PROFESSOR DR.-ING. F. BENDEMANN

DRITTES ABSCHLIESSENDES HEFT
HAUPTSÄCHLICH BEARBEITET VON
DR.-ING. CARL SCHMID

MIT 99 ABBILDUNGEN UND 28 ZAHLENTAFELN

MÜNCHEN UND BERLIN 1918
DRUCK UND VERLAG VON R. OLDENBOURG

# Inhaltsverzeichnis.



[1]) Abschnitt 1 bis 10 der systematischen Versuche sind in den Berichten für 1910/11 und 1911/12 enthalten, auf die öfter Bezug genommen wird (vgl. S. 30, Anm. 1).

# Vorbemerkung.

Der Abschluß der Lindenberger Luftschraubenuntersuchungen und die Veröffentlichung dieses III. und letzten Heftes hat sich leider durch Jahre hin verzögert. Im Frühjahr 1912, als kaum das vorige Heft abgeschlossen war, wurde der Leiter mitten aus der Arbeit heraus zu einer weit größeren und wichtigeren Aufgabe berufen: Zur Begründung der Deutschen Versuchsanstalt für Luftfahrt in Adlershof. Die eilige Durchführung des Kaiserpreis-Wettbewerbes für Flugzeugmotoren bis zum 27. Januar 1913 und dann die nicht minder eilige Errichtung der weiteren Teile dieser umfassenden Versuchsanstalt nahmen ihn völlig in Anspruch, und notgedrungen mußten sogar die bewährten Mitarbeiter der Lindenberger Versuchsstelle zeitweilig mit herangezogen werden. Der Berichterstatter ist dem Sonderausschuß der Jubiläumsstiftung und besonders dessen hochverehrtem Vorsitzenden, Herrn Geheimen Hofrat Professor Dr. Dr.-Ing. C. von Linde, zu ganz besonderem Dank verpflichtet, daß sie ihm zum Besten der größeren Sache freie Hand gegeben haben.

Die abschließenden Versuche, die nun noch zusammenzufassen sind, wurden im Sommer 1913 unter Leitung des schon seit Frühjahr 1910 mitarbeitenden Herrn Dipl.-Ing. Carl Schmid durchgeführt. Die Bearbeitung dieses Materials war soeben beendet, und die Drucklegung, zunächst in Form einer Dissertation des Herrn Schmid, hatte begonnen, als der Krieg den Berichterstatter ins Feld berief und auch Herr Dr.-Ing. Schmid zu wichtigen Kriegsdiensten voll in Anspruch genommen wurde. Seitdem ließ der Krieg keinen Raum für Friedensarbeit. Die einzelnen Versuchsberichte sind aber schon im Jahrgang 1915 der Zeitschrift für Flugtechnik und Motorluftschiffahrt erschienen.

Um den so wünschenswerten Abschluß nicht weiter ins ungewisse zu verschieben, mögen nun die letzten Berichte im wesentlichen in der Form jener, von der Technischen Hochschule Karlsruhe schon im Juni 1914 genehmigten Dissertation erscheinen. Wenn sich die Fassung nicht überall ganz bündig an die früheren Berichte anschließt, so bitte ich das mit den Gewaltsamkeiten dieser Zeit zu entschuldigen. Sachlich sind die Versuche und ihre Bearbeitung noch nicht von den Unruhen der Kriegszeit betroffen worden.

Den abschließenden, die Folgerungen für Theorie und Praxis ziehenden Abschnitt habe ich seither noch hinzugefügt.

Für einen dabei ferner angefügten wertvollen Beitrag zu der schon früher mehrfach behandelten Frage der geometrischen Bestimmung guter Flügelprofile und für freundliche Unterstützung bei der Fertigstellung dieses Heftes bin ich Herrn Dr. E. Everling sehr zu Dank verpflichtet.

Im März 1918.

**F. Bendemann.**

# Übersicht der bisherigen Versuchsdarstellung.

## Formeln und Zeichen.

$R$ = Halbmesser der Schrauben in m,
$F = R^2\pi$ = Schraubenkreisfläche in $m^2$,
$P$ = Axialschub (neuerdings meist mit $S$ bezeichnet) in kg,
$M$ = Drehmoment in mkg,
$n$ = minutliche Drehzahl,
$u$ = Umfangsgeschwindigkeit in m/s,
$L$ = Antriebsleistung in mkg/s,
$N$ = desgl. in PS,
$\varrho = \frac{\gamma}{g}$ = Massendichte der Luft in kg-Masse/$m^3$ oder kgs$^2$/m$^4$.

Alle Versuchszahlen gelten für $\varrho_0 = 0{,}1223$ kgs$^2$/m$^4$, entsprechend $\gamma_0 = 1{,}200$ kg/m$^3$ [bei $10^0$ C und 735 mm Hg (1 kg/m$^2$); vgl. Luftschraubenuntersuchungen Heft I, S. 15, Fußnote; Umrechnungstafel daselbst S. 16].

Die Versuchswerte $P$ und $M$ sind stets durch die von $R$ unabhängigen Beiwerte $\mathfrak{p}$ und $\mathfrak{m}$ des quadratischen Widerstandsgesetzes in Funktion des Anstellwinkels ($\alpha_s$) des Flügels (bezogen auf die Druckseitensehne) dargestellt.

$$\mathfrak{p} = \frac{P}{R^4}\left(\frac{100}{n}\right)^2 \frac{\gamma_0}{\gamma}; \quad \mathfrak{m} = \frac{M}{R^5}\left(\frac{100}{n}\right)^2 \frac{\gamma_0}{\gamma}.$$

Abweichungen von der quadratischen Gesetzmässigkeit s. Heft II, S. 14.

(In den ersten Versuchsreihen wurden statt $\mathfrak{p}$ und $\mathfrak{m}$ noch die nicht von $R$ unabhängigen Beiwerte

$$\mathfrak{P} = \mathfrak{p}\,R^4; \quad \mathfrak{M} = \mathfrak{m}\,R^5$$

benutzt.

Die Umrechnung erfolgt, da hierbei stets $R = 1{,}795$ war, durch

$$\mathfrak{p} = \frac{\mathfrak{P}}{10{,}4}; \quad \mathfrak{m} = \frac{\mathfrak{M}}{18{,}6}\Bigg).$$

## Vergleichszahlen.

Zur vergleichenden Bewertung der Schrauben dienen folgende Ausdrücke:

$\mathfrak{p}$ = »Flächenausnutzung« (s. oben).

$$C = \frac{\mathfrak{p}}{\mathfrak{m}} = \frac{P}{M}R = \text{»Kraftausnutzung«} \left(\text{denn } \frac{P}{L} = \frac{C}{u}\right).$$

$$\zeta = \text{Gütegrad} = \frac{P}{P'} = \frac{\text{wirklicher}}{\text{theoretisch größter}}\ \text{Axialschub}.$$

(Theorie der verlustlosen Schraube s. Heft I, S. 9) und dieses Heft S. 34.) Danach wird

$$\zeta = \sqrt[3]{\frac{\mathfrak{p}\,C^2}{2\,\varrho\,\pi}} = 0{,}228\sqrt[3]{\mathfrak{p}\,C^2}.$$

$\mathfrak{p}$ und $C$ können jeder für sich unbegrenzt hoch sein; aber das Produkt $\mathfrak{p}\cdot C^2$ kann den Grenzwert $2\,\varrho\,\pi$, entsprechend $\zeta = 1$, nicht übersteigen.

---

Die Darstellung der Drehkräfte durch $\mathfrak{m}$ erfordert wegen des raschen Anstieges mit dem Anstellwinkel $\alpha_s$ je 2 Kurven mit verschiedenem Maßstab. Zur besseren Übersicht sind deshalb im letzten Teil an Stelle von $\mathfrak{m}$ die Werte $\sqrt{\mathfrak{m}}$ dargestellt (vgl. Fig. 161).

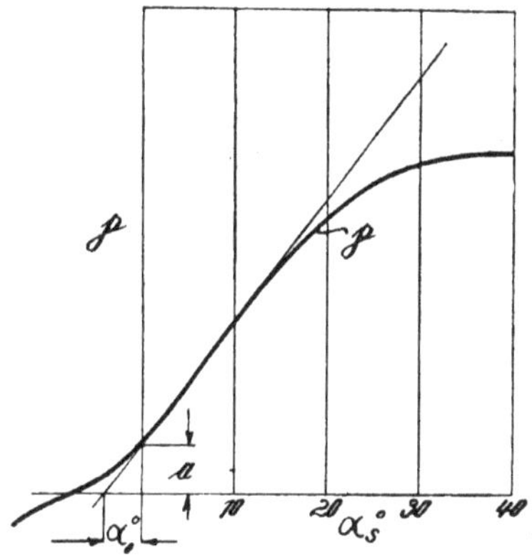


Fig. 160. Verlauf der Schubkraftcharakteristik.

Außer der graphischen Darstellung hat Herr Dr.-Ing. Schmid zu den folgenden Versuchsreihen die Kurven der $\mathfrak{p}$- und $\mathfrak{m}$-Werte noch durch empirische Gleichungen ausgedrückt. Die $\mathfrak{p}$ sind, wie in Fig. 160 angedeutet, durch eine gradlinige Gleichung von der Form

$$\mathfrak{p} = a + b\sin\alpha_s,$$

die $\mathfrak{m}$ durch eine parabolische Gleichung der Form

$$\mathfrak{m} = p + k\,\alpha_s^{\,q}$$

angenähert und die Grenzen der Anwendbarkeit hinzugefügt.

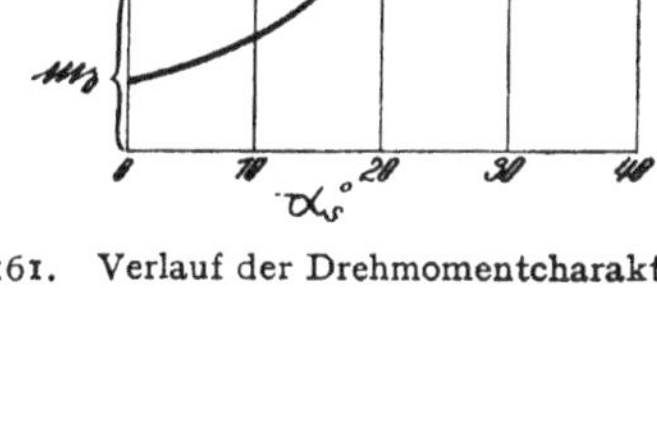

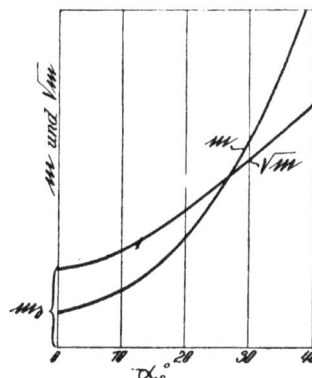

Fig. 161. Verlauf der Drehmomentcharakteristik.

## Übersicht zum Versuchsplan.

Der ursprüngliche Hauptzweck der Versuche war mit dem Abschluß des II. Berichtes schon erreicht. Die Frage der Hubschrauben ist völlig geklärt worden. Im Abschnitt über »Die Möglichkeiten der Schraubenflieger« (Heft II, S. 27) sind die Schlußfolgerungen klar gezogen. In einer beigegebenen graphischen Darstellung sind die theoretisch größtmöglichen Hub- oder Schubkräfte einer am festen Ort betriebenen oder als Tragschraube ohne Fortbewegung schwebenden Schraube im weitesten Bereich der in Betracht kommenden Größen und Antriebsleistungen unmittelbar zu übersehen. Die Richtigkeit dieser Darstellung und der zugrunde liegenden einfachen Theorie ist durch sämtliche Versuche erwiesen. Sowohl aus den eigenen als auch aus allen bekannt gewordenen fremden Versuchen, die wir systematisch verfolgt haben, hat sich lückenlos ergeben, daß die theoretisch größte Hubkraft niemals überschritten und stets nur bestenfalls auf einige 80 v. H. erreicht worden ist.

Die hierdurch gezogenen Leistungsgrenzen der Hubschrauben sind zu eng, um eine praktische Anwendung in Flugmaschinen ohne Drachenwirkung zn rechtfertigen.

Der weitere Versuchsplan, den Einfluß der mannigfaltigen Schraubenformen im einzelnen systematisch aufzuklären, ist noch nicht ganz beendet. Die folgenden Abschnitte enthalten die abschließenden Ergebnisse, insoweit eine Vollständigkeit in der Fülle der Möglichkeiten erreicht werden konnte.

Sie betreffen:

den Einfluß verschiedener Druckseitenwölbung bei gleichbleibender Saugseite (Serie XV);

Profile mit vollkommen stetig gewölbter Saug- und Druckseite (Serie XIII);

Einfluß des Austrittspitzenwinkels bei sonst möglichst gleichem Profil (Serie XIV);

Einfluß der Flügelblattbreite (Serie XVI und XVII);

Einfluß der Flügelzahl (Serie XVIII, XIX und XXI).

Weiter wird noch eine Aufnahme des Strömungsverlaufes der Luft an der Standschraube vorgeführt, welche ein anschauliches Bild des Vorganges liefert.

An diese von Herrn Dr.-Ing. C. Schmid selbständig bearbeiteten Abschnitte knüpft sich noch eine dynamische Betrachtung dieser Ergebnisse: die sehr sorgfältige Aufnahme des Strömungsverlaufes erweist sich brauchbar zu einem zahlenmäßigen Nachweis der Kraftumsetzung an der Schraube und der auftretenden Verluste.

Schließlich gebe ich noch eine erweiterte, auf Treibschrauben mit axialer Fortbewegung ausgedehnte Darstellung der im Beginn unserer Arbeiten nur für Standschrauben aufgestellten, durch alle Versuche bewährten Grenzleistungstheorie, welche zu einem wichtigen Ergebnis von allgemeiner Bedeutung führt: Die größtmögliche Zug- oder Schubkraft der Treibschrauben ist, gleichartig wie bei den Standschrauben, aus einfachen, mechanischen Grundgesetzen allgemein gültig zu berechnen. Ihr Wirkungsgrad findet dadurch eine klar bestimmte Grenze, welche mit zunehmender Fahrgeschwindigkeit ansteigt, aber anderseits durch die Flächenbelastung des Schraubenkreises stark herabgedrückt wird.

Dieser auch in der Schiffschraubentheorie bisher unbekannte Satz wird künftig eine Grundlage aller theoretischen Arbeiten und Vergleichsversuche bilden müssen.

# Systematische Versuche.

(Nach Dissertation von Dr.-Ing. C. Schmid.)

## 11. Über den Einfluß der Druckseitenwölbung bei gleichbleibender Saugseite.

(Serie XV.)

Die Serie XV zeigt zunächst den Einfluß der Druckseitenwölbung, die bisher fast ausschließlich den Berechnungen der Schraube zugrunde gelegt wurde. Es ist natürlich nicht möglich, die Wirkung der Saug- bzw. Druckseite für sich allein herauszuschälen, da die Flüssigkeitsströmung der einen Seite von der anderen beeinflußt wird. Es kann deshalb nur eine größere Reihe von Versuchen, bei denen der Einfluß der Druckseite für eine Anzahl verschieden gestalteter Saugseiten und umgekehrt untersucht wird, einen einigermaßen klaren Einblick verschaffen.

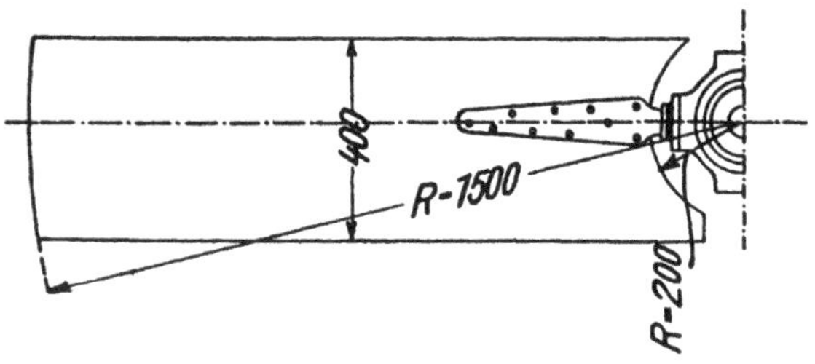


Fig. 162. Umrißform der Flügel zur Serie XV.

Es ist : $R_i = 200$ mm, $R_a = 1500$ mm, $B = 400$ mm (Fig. 162).

Als gleichbleibende Saugseite ist hier eine Form gewählt, die sich bei Untersuchungen der Saugseite bei ebener Druckseite als günstig erwiesen hat.

Die Saugseite wird durch zwei Parabelbogen gebildet, von denen die Eintrittsparabel II (Fig. 163) die Saugseitenparabel I in deren Scheitelpunkt $D$ tangiert. Diese beiden Parabeln sind durch folgende Angaben vollständig bestimmt:

$AB = 413$ mm (so gewählt, daß die Flügelbreite $B = 400$ mm wird);

$\operatorname{tg} \varepsilon_e = 1{,}3$; ($\varepsilon_e = 52{,}5^0$), $\operatorname{tg} \varepsilon_a = 0{,}32$; ($\varepsilon_a = 17{,}7^0$); $DB = 18$ mm, $D$ ist Scheitel der Saugseitenparabel I.

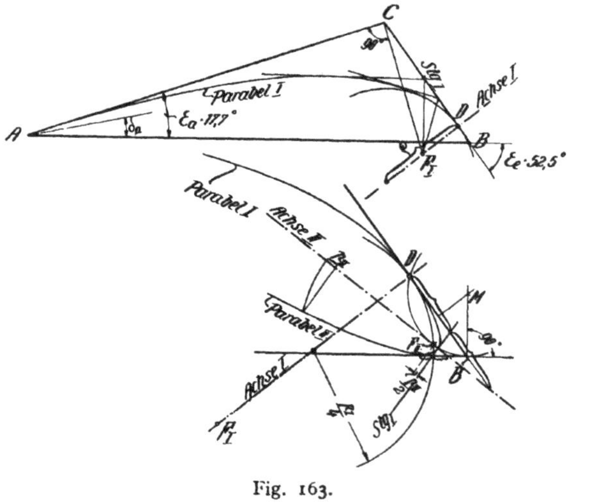


Fig. 163.
Geometrische Bestimmung des Flügelprofils zu Serie XV.

Konstruktion von Brennpunkt und Achse der Parabel ist aus Fig. 163 ersichtlich und soll hier nur kurz angedeutet werden: für die Saugseitenparabel I ist $BC$ die

Tabelle 11.

## Messungen mit Flügeln verschiedener Druckseitenwölbung (Serie XV)

$R_i = 200$ mm; $R_a = 1500$ mm; $B = 400$ mm.

| Anstell-winkel | Charakteristik für | | | | | Charakteristik für | | | | | Charakteristik für | | | | |
|---|---|---|---|---|---|---|---|---|---|---|---|---|---|---|---|
| | Schubkraft gemessen | Drehmoment gemessen | | interpoliert | | Schubkraft gemessen | Drehmoment gemessen | | interpoliert | | Schubkraft gemessen | Drehmoment gemessen | | interpoliert | |
| $\alpha_s^0$ | p | $\sqrt{m}$ | m | p | m | p | $\sqrt{m}$ | m | p | m | p | $\sqrt{m}$ | m | p | m |
| | Flügelpaar 1. Wölbungstiefe $T = 0$ mm. | | | | | Flügelpaar 4. Wölbungstiefe $T = 15,0$ mm. | | | | | Flügelpaar 7. Wölbungstiefe $T = 30,0$ mm. | | | | |
| —8 | —0,007 | 0,227 | 0,051 | — | — | −10° \| −0,014 | 0,308 | 0,095 | — | — | −9° \| −0,010 | 0,352 | 0,124 | — | — |
| —4 | +0,022 | 0,225 | 0,051 | — | — | −7° \| +0,012 | 0,285 | 0,089 | — | — | −4,5° \| +0,019 | 0,344 | 0,118 | — | — |
| | | | | | | 0,032 | 0,301 | 0,091 | | | | | | | |
| 0 | 0,128 | 0,213 | 0,046 | 0,130 | 0,046 | 0,177 | 0,280 | 0,078 | 0,175 | 0,078 | 0,100 | 0,332 | 0,110 | 0,110 | 0,112 |
| 3 | 0,270 | 0,222 | 0,050 | 0,275 | 0,050 | 0,369 | 0,287 | 0,082 | 0,380 | 0,081 | 0,307 | 0,318 | 0,101 | 0,29 | 0,103 |
| 6 | 0,436 | 0,253 | 0,064 | 0,435 | 0,065 | 0,558 | 0,313 | 0,098 | 0,550 | 0,096 | 0,523 | 0,340 | 0,115 | 0,520 | 0,114 |
| 9 | 0,595 | 0,300 | 0,090 | 0,590 | 0,092 | 0,748 | 0,356 | 0,127 | 0,740 | 0,124 | 0,738 | 0,373 | 0,139 | 0,740 | 0,141 |
| 12 | 0,754 | 0,350 | 0,123 | 0,750 | 0,122 | 0,928 | 0,408 | 0,167 | 0,920 | 0,166 | 0,958 | 0,422 | 0,178 | 0,950 | 0,178 |
| 16 | 0,958 | 0,419 | 0,176 | 0,970 | 0,176 | 1,160 | 0,480 | 0,231 | 1,140 | 0,227 | 1,180 | 0,494 | 0,244 | 1,185 | 0,248 |
| 20 | 1,185 | 0,495 | 0,245 | 1,180 | 0,245 | 1,353 | 0,551 | 0,304 | 1,390 | 0,303 | 1,440 | 0,582 | 0,339 | 1,440 | 0,336 |
| 25 | 1,375 | 0,581 | 0,337 | 1,390 | 0,342 | 1,563 | 0,639 | 0,408 | 1,560 | 0,417 | 1,600 | 0,659 | 0,433 | 1,610 | 0,440 |
| 30 | 1,575 | 0,685 | 0,468 | 1,590 | 0,465 | 1,760 | 0,727 | 0,528 | 1,760 | 0,532 | 1,783 | 0,744 | 0,553 | 1,790 | 0,555 |
| 35 | 1,715 | 0,775 | 0,600 | — | — | 1,980 | 0,818 | 0,670 | — | — | 1,940 | 0,827 | 0,683 | — | — |
| 40 | 1,603 | 0,858 | 0,737 | — | — | 1,910 | 0,894 | 0,799 | — | — | 2,010 | 0,920 | 0,847 | — | — |
| | Flügelpaar 2. Wölbungstiefe $T = 5,0$ mm. | | | | | Flügelpaar 5. Wölbungstiefe $T = 18,0$ mm. | | | | | Flügelpaar 8. Wölbungstiefe $T = 35,0$ mm. | | | | |
| —8 | ±0 | 0,271 | 0,074 | — | — | 0,006 | 0,301 | 0,090 | — | — | −9° \| −0,01 | 0,364 | 0,132 | — | — |
| —4 | 0,030 | 0,251 | 0,063 | — | — | 0,037 | 0,302 | 0,092 | — | — | −4,5 \| +0,02 | 0,362 | 0,131 | — | — |
| 0 | 0,174 | 0,243 | 0,059 | 0,175 | 0,059 | 0,163 | 0,282 | 0,080 | 0,165 | 0,081 | 0,097 | 0,344 | 0,118 | 0,100 | 0,121 |
| 3 | 0,342 | 0,249 | 0,062 | 0,340 | 0,063 | 0,374 | 0,291 | 0,084 | 0,365 | 0,086 | 0,265 | 0,333 | 0,111 | 0,260 | 0,112 |
| 6 | 0,514 | 0,280 | 0,079 | 0,510 | 0,078 | 0,560 | 0,314 | 0,098 | 0,564 | 0,101 | 0,477 | 0,343 | 0,118 | 0,495 | 0,121 |
| 9 | 0,688 | 0,326 | 0,106 | 0,685 | 0,106 | 0,743 | 0,352 | 0,123 | 0,740 | 0,126 | 0,734 | 0,378 | 0,143 | 0,730 | 0,144 |
| 12 | 0,853 | 0,377 | 0,142 | 0,850 | 0,140 | 0,923 | 0,403 | 0,162 | 0,920 | 0,164 | 0,935 | 0,425 | 0,180 | 0,945 | 0,185 |
| 16 | 1,080 | 0,445 | 0,198 | 1,075 | 0,198 | 1,127 | 0,479 | 0,229 | 1,140 | 0,230 | 1,225 | 0,503 | 0,253 | 1,210 | 0,255 |
| 20 | 1,300 | 0,530 | 0,281 | 1,280 | 0,273 | 1,380 | 0,563 | 0,317 | 1,390 | 0,310 | 1,443 | 0,582 | 0,339 | 1,450 | 0,342 |
| 25 | 1,478 | 0,612 | 0,374 | 1,480 | 0,381 | 1,560 | 0,652 | 0,425 | 1,560 | 0,422 | 1,612 | 0,661 | 0,437 | 1,620 | 0,445 |
| 30 | 1,664 | 0,719 | 0,517 | 1,680 | 0,515 | 1,745 | 0,738 | 0,544 | 1,750 | 0,540 | 1,805 | 0,750 | 0,562 | 1,810 | 0,570 |
| 35 | 1,800 | 0,800 | 0,640 | — | — | 1,920 | 0,822 | 0,675 | — | — | 2,010 | 0,845 | 0,713 | — | — |
| 40 | 1,715 | 0,888 | 0,788 | — | — | 1,880 | 0,906 | 0,820 | — | — | 2,050 | 0,928 | 0,862 | — | — |
| | Flügelpaar 3. Wölbungstiefe $T = 8,0$ mm. | | | | | Flügelpaar 6. Wölbungstiefe $T = 25,0$ mm. | | | | | Flügelpaar 9. Wölbungstiefe $T = 39,5$ mm. | | | | |
| —8 | 0,009 | 0,274 | 0,075 | — | — | 0,008 | 0,324 | 0,105 | — | — | −9° \| −0,020 | 0,382 | 0,146 | — | — |
| —4 | 0,040 | 0,272 | 0,074 | — | — | 0,035 | 0,322 | 0,104 | — | — | −4,5° \| +0,018 | 0,375 | 0,141 | — | — |
| 0 | 0,183 | 0,255 | 0,065 | 0,180 | 0,066 | 0,143 | 0,305 | 0,093 | 0,145 | 0,095 | 0,083 | 0,360 | 0,130 | 0,090 | 0,131 |
| 3 | 0,354<br>0,356 | 0,265<br>0,266 | 0,070<br>0,071 | 0,355 | 0,070 | 0,337 | 0,306 | 0,094 | 0,330 | 0,093 | 0,227 | 0,339 | 0,115 | 0,230 | 0,121 |
| 6 | 0,534 | 0,291 | 0,085 | 0,535 | 0,086 | 0,537 | 0,326 | 0,106 | 0,535 | 0,107 | 0,447 | 0,344 | 0,118 | 0,480 | 0,121 |
| 9 | 0,712 | 0,335 | 0,112 | 0,720 | 0,115 | 0,757 | 0,368 | 0,135 | 0,745 | 0,133 | 0,648 | 0,371 | 0,138 | 0,730 | 0,141 |
| 12 | 0,885<br>0,889 | 0,388<br>0,394 | 0,151<br>0,156 | 0,890 | 0,152 | 0,941 | 0,416 | 0,173 | 0,945 | 0,174 | 0,937 | 0,424 | 0,180 | 0,940 | 0,181 |
| 16 | 1,101<br>1,115 | 0,462<br>0,466 | 0,214<br>0,217 | 1,110 | 0,214 | 1,162 | 0,496 | 0,246 | 1,170 | 0,241 | 1,200 | 0,495 | 0,245 | 1,210 | 0,250 |
| 20 | 1,305 | 0,541 | 0,293 | 1,131 | 0,287 | 1,420 | 0,569 | 0,324 | 1,430 | 0,225 | 1,465 | 0,583 | 0,340 | 1,470 | 0,343 |
| 25 | 1,540 | 0,630 | 0,397 | 1,530 | 0,397 | 1,570 | 0,652 | 0,425 | 1,570 | 0,430 | 1,630 | 0,659 | 0,434 | 1,640 | 0,443 |
| 30 | 1,755 | 0,719 | 0,517 | 1,740 | 0,540 | 1,775 | 0,733 | 0,537 | 1,780 | 0,548 | 1,800 | 0,744 | 0,553 | 1,810 | 0,562 |
| 35 | 1,900 | 0,811 | 0,658 | — | — | 1,935 | 0,836 | 0,698 | — | — | 1,960 | 0,833 | 0,694 | — | — |
| 40 | 1,850 | 0,882 | 0,778 | — | — | 1,945 | 0,907 | 0,823 | — | — | 2,010 | 0,917 | 0,842 | — | — |

Tabelle 12.

## Übersicht zu Serie XV.

| Flügel Nr. der Güte nach geordnet | Druckseiten-wölbung T mm | T/B | C max | und dazugehöriges | | | $\zeta_{max}$ | und dazugehöriges | | | Winkelbereich ($\alpha_s^0$) mit $\zeta > 68\%$ |
|---|---|---|---|---|---|---|---|---|---|---|---|
| | | | | $\zeta\%$ | p | $\alpha_s^0$ | % | C | p | $\alpha_s^0$ | |
| 2 | 5,0 | 1/80 | 6,6 | 66,0 | 0,56 | 7,0 | 72,0 | 5,6 | 0,98 | 14,5 | 8,0—21,8=14 |
| 3 | 8,0 | 1/50 | 6,3 | 66,0 | 0,61 | 7,0 | 71,3 | 5,5 | 1,01 | 14,0 | 8,1—21,0=13 |
| 4 | 15,0 | 1/27 | 6,1 | 66,2 | 0,67 | 8,2 | 71,1 | 5,3 | 1,08 | 14,0 | 9,6—22,6=13 |
| 5 | 18,0 | 1/22 | 5,9 | 66,5 | 0,71 | 8,5 | 70,7 | 5,15 | 1,12 | 14,5 | 9,3—21,3=12 |
| 1 | 0 | 0 | 6,7 | 63,3 | 0,47 | 7,0 | 70,5 | 5,5 | 0,97 | 16,0 | 10,3—21,0=11 |
| 6 | 25,0 | 1/16 | 5,6 | 65,4 | 0,75 | 9,2 | 70,0 | 5,0 | 1,16 | 15,0 | 10,9—21,3=10 |
| 9 | 39,5 | 1/10 | 5,4 | 66,0 | 0,87 | 11,0 | 69,7 | 4,7 | 1,26 | 16,5 | 12,7—21,0= 8 |
| 7 | 30,0 | 1/13 | 5,4 | 65,1 | 0,80 | 10,0 | 69,5 | 4,9 | 1,18 | 15,0 | 11,8—19,8= 8 |
| 8 | 35,0 | 1/12 | 5,2 | 65,2 | 0,86 | 11,0 | 68,5 | 4,7 | 1,23 | 16,0 | 14,7—19,0= 4 |

Scheiteltangente. Das Lot in $D$ auf $BC$ gibt die Achse, der Schnittpunkt des Lots in $C$ auf $AC$ mit der Achse gibt den Brennpunkt $F_I$.

Für die Eintrittsparabel II: der Brennpunkt $F_{II}$ muß, wenn die Krümmung in $D = \varrho$ sein soll, liegen

1. auf dem Kreis über $DF_I$ als Durchmesser,
2. auf dem Kreis um $M$ mit dem Radius $MB$ ($= MD$).

$M$ ist Schnittpunkt des Lots in $B$ auf $AB$ und des Mittellots von $BD$. Mit Brennpunkt, Tangente und Berührungspunkt derselben vollzieht sich die Konstruktion nach den bekannten Methoden.

Die Druckseiten sind ebenfalls Parabeln. Sie müssen tangieren

1. die Eintrittsparabel II,
2. die Gerade, die in stufenweise gewähltem Abstand ($T$ in Tabelle 12) zur Sehne der Druckseite durch den Punkt der größten Tiefe geht,
3. den Schenkel eines beliebig gewählten, für alle Formen gleichbleibenden Austrittswinkels der Druckseite.

Damit sind die Druckseitenparabeln ebenfalls eindeutig bestimmt.

Fig. 164. Profilformen zu Serie XV.

Es möge erspart bleiben, die nicht ganz einfache Konstruktion dieser Parabeln wiederzugeben, zumal es, wie wir sehen werden, auf eine sorgfältige Ausbildung der Druckseite nicht sehr ankommt. Die Abweichungen der Wölbungstiefen von den gewünschten Stufen von je 5 mm rühren vom Verziehen des Flügelblattes her. Die Versuchsflügel sind nämlich einfach verleimte Holzplatten. Die Herstellung und vor allen Dingen die Abänderung ist weit einfacher und billiger als bei Metallflügeln. Sie haben jedoch den Nachteil, daß sie sich bei verschiedenen Luftzuständen etwas verziehen. Etwaige Formänderungen wurden sofort nach Schluß des Versuches mit dem früher geschilderten Aufmeßverfahren festgestellt. Ein Flügelpaar wurde in der Regel innerhalb einer Zeit von ca. 4 Stunden vollständig untersucht.

Wie die Fig. 168 und 170 zeigen, nimmt Schubkraft und Drehmoment einer Schraube im allgemeinen mit wachsender Druckseitenwölbung zu. Die Schubkraft erreicht bei einer bestimmten Wölbung, die vom Anstellwinkel abhängt, ihr Maximum. Das Drehmoment weist auf desgleichen hin. Die Zunahme ist besonders stark für die flachen Wölbungen von $T/B = 0$ bis $^1/_{40}$. Die Größe der Zunahme ist vom Anstellwinkel abhängig; von $\alpha_s = 0^0$ bis $10^0$ ist sie annähernd proportional dem Anstellwinkel, während bei Anstellwinkeln $> 10^0$ (bis $30^0$) die Kräfte annähernd unabhängig von $\alpha_s$ nur mit dem Wölbungsgrad zunehmen.

Die Schubkraftcharakteristik (Flächenausnutzung) ist bei ebener Druckseite

$$\mathfrak{p}_0 = 0{,}94 + 15{,}4 \cdot \sin 1{,}6\,\alpha_s.$$

Sie wächst mit zunehmender Wölbung der Druckseite auf

$$\mathfrak{p} = \mathfrak{p}_0 + (28{,}5 + 2{,}42\,\alpha_s)\cdot T/B, \text{ gültig für } \alpha_s = 0^0 \text{ bis } 10^0$$

und

$$\mathfrak{p} = \mathfrak{p}_0 + 52{,}3 \cdot T/B, \text{ gültig für } \alpha_s = 10^0 \text{ bis } 30^0.$$

Die Drehmomentcharakteristik ist bei einem Wölbungsgrad $T/B = {}^1/_{40}$ (bzw. $T = 1$ cm):

$$\mathfrak{m}_1 = 0{,}56 + 0{,}0082\,\alpha_s^{1,8} \text{ gültig für } \alpha_s = 0^0 \text{ bis } 25^0;$$

bei einer Wölbung $T/B < {}^1/_{40}$ (bzw. $T < 1$ cm) ist

$$\mathfrak{m} = \mathfrak{m}_1 - (0{,}14 + 0{,}013\,\alpha_s)\cdot(1 - T), \text{ für } \alpha_s = 0^0 \text{ bis } 25^0.$$

Für ebene Druckseite ($T/B = 0$, $T = 0$) ist also

$$\mathfrak{m} = \mathfrak{m}_0 = \mathfrak{m}_1 - (0{,}14 + 0{,}013 \cdot \alpha_s).$$

Diese Formeln gelten nur für eine Wölbung $T/B < {}^1/_{40}$. Die Flächenausnutzung läßt sich für den ganzen Bereich von $\alpha_s = 0^0$ bis $25^0$ und $T/B = 0$ bis $^1/_{10}$ durch die folgende einheitliche, allerdings etwas schwerfälligere Formel ausdrücken:

$$\mathfrak{p} = \mathfrak{p}_0 + 3{,}92\,(1 + 0{,}1\,\alpha_s + 4{,}33 \sin 4{,}5\,\alpha_s)\cdot\frac{T}{B} + 0{,}57 \sin 290\,\frac{T}{B}.$$

Die Abhängigkeit der Schubkraftzunahme vom Anstellwinkel ist hier durch eine Sinuslinie mit einer zur Horizontalen geneigten Basis dargestellt; der Faktor von $T/B$ des zweiten Gliedes gibt die Neigung der letzteren in Abhängigkeit von $\alpha_s$ an.

Das Drehmoment wächst von einem Wölbungsgrad $T/B = {}^1/_{40}$ ab mit zunehmender Wölbung annähernd unabhängig von $\alpha_s$; es ist für $T/B > {}^1/_{40}$ bzw. $T > 1$ cm

$$\mathfrak{m} = \mathfrak{m}_1 + 0{,}093\,(T - 1), \text{ gültig für } \alpha_s = 3^0 \text{ bis } 25^0.$$

Die verhältnismäßig einfachen Formeln für das Drehmoment liefern für die beiden Bereiche des Wölbungsgrades Werte, die mit den gemessenen gut übereinstimmen; wir verzichteten deshalb darauf, auch für das Drehmoment entsprechend der Formel für die Flächenausnutzung eine einheitliche Formel aufzusuchen.

Die Schubkraft erreicht, wie oben erwähnt, nach Fig. 168 bei einer gewissen Wölbung der Druckseite und veränderlicher Neigung ein Maximum, und zwar bei kleinen Anstellwinkeln unter $3^0$ bei einem Wölbungsgrad von $T/B = {}^1/_{40}$ bis $^1/_{35}$, bei größeren Anstellwinkeln erst mit größerer Wölbung; bei $\alpha_s = 10^0$ z. B. wird der Höchstwert von $\mathfrak{p}$ mit einem Wölbungsgrad von $^1/_{27}$ erreicht. Er bleibt bei noch größerer Wölbung derselbe. Auch bei den in der Praxis üblichsten größten Anstellwinkeln läßt sich mit $T/B > {}^1/_{15}$ keine wesentliche Erhöhung der Schubkraft erzielen. Die Drehmomente dagegen nehmen im ganzen Meßbereiche zu oder bleiben, wenn sie mit einer bestimmten Wölbung das Maximum erreicht haben, mit noch größer werdender Wölbung konstant. Bei ganz flachen Anstellwinkeln verursacht starke Wölbung auffallenderweise ein höheres Drehmoment als bei größeren. Das ist wohl auf Wirbelbildung auf der Druckseite zurückzuführen. Es bilden sich hier Wirbel, die natürlich die Schubkraft vermindern und das Drehmoment vermehren. Bei größeren Anstellwinkeln verschwinden diese Wirbel und damit auch das Abnehmen der Schubkraft.

An Hand statischer Druckmessungen[1]) über die Flügelfläche läßt sich der eigentümliche Verlauf unserer Diagramme erklären. Fuhrmann hat an einem Schraubenmodell von 400 mm Durchm. die Druckverteilungen über die Flügelfläche bei einer Anzahl von Querschnitten gemessen und die Drücke über den einzelnen Querschnitten aufgetragen. Er findet, allerdings in der Nähe der Flügelspitzen, wo die Strömung sehr unregelmäßig ist, noch bei einem Anstellwinkel von ca. $17^0$ am hinteren Ende der ebenen Druckseite Unterdruck, der erst bei $23^0$ verschwindet. Eiffel hat im Windkanal an einer großen Anzahl verschieden gestalteter, vom Wind geradlinig getroffener, feststehender Flügel die Druckverteilung über die Flügelfläche gemessen. Die relative Größe unserer Schubkraft- und Drehmomentmessungen entspricht sehr gut den dort gemessenen Drücken. Auffallend stark vermindert eine tiefe Wölbung der Druckseite in der Nähe der Eintrittskante den Überdruck auf der Druckseite und mithin die Güte des Flügels. Es ist übrigens nicht zu vergessen, daß diese Erscheinung sehr von der Form der Saugseite beeinflußt wird.

Bei kreisförmig profilierter Saugseite mit spitzer Eintrittskante z. B. nimmt nach früheren Versuchen[2]) die Schubkraft

[1]) Dr. Fuhrmann, Gött. Mod. Versuchsanstalt, Zeitschrift f. Flugtechnik und Motorluftschiffahrt 1913, S. 89; Eiffel, La Résistance de l'Air et l'Aviation, 2. Aufl., Paris 1911, Tafel XII u. XIII.

[2]) Luftschraubenuntersuchungen Heft II, S. 2.

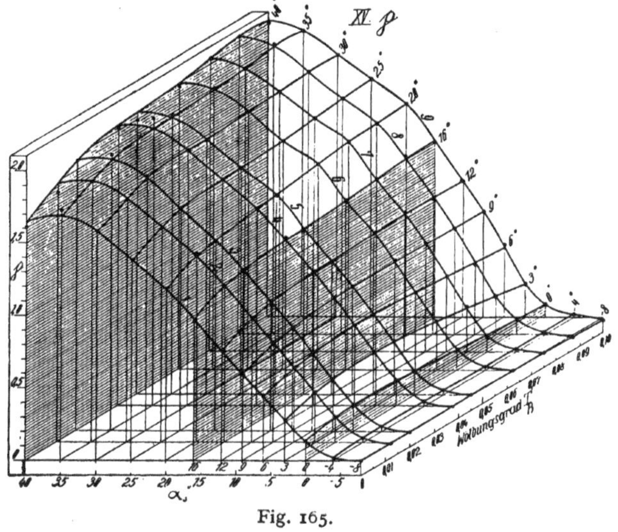


Fig. 165.

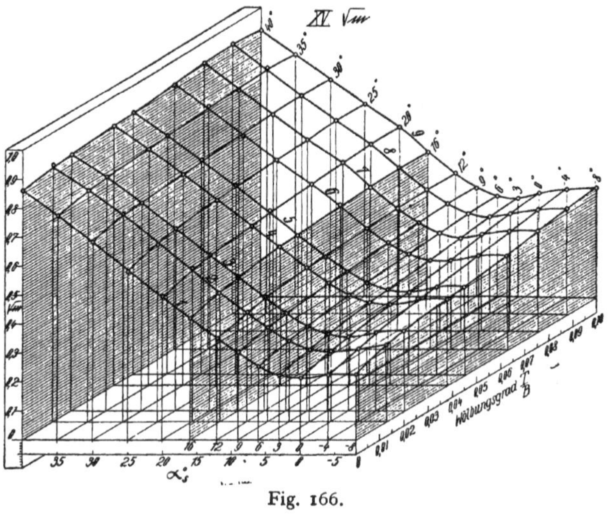


Fig. 166.

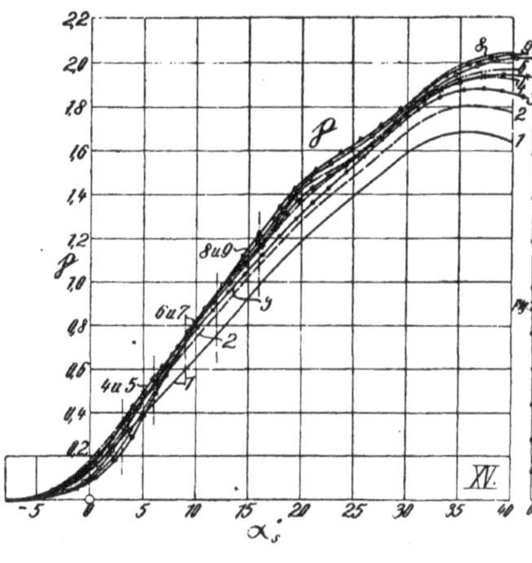


Fig. 167.

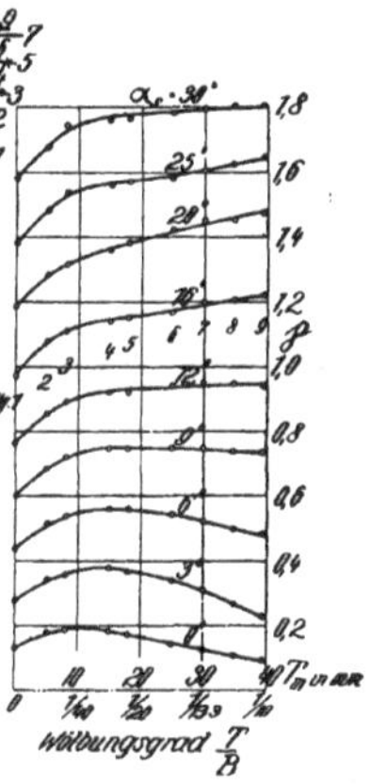


Fig. 168.

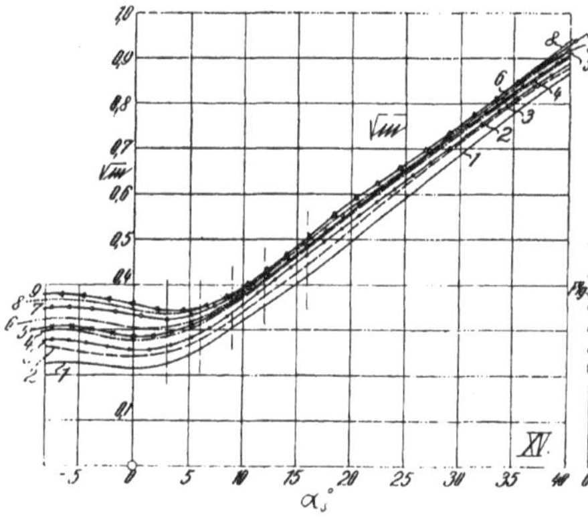


Fig. 169.

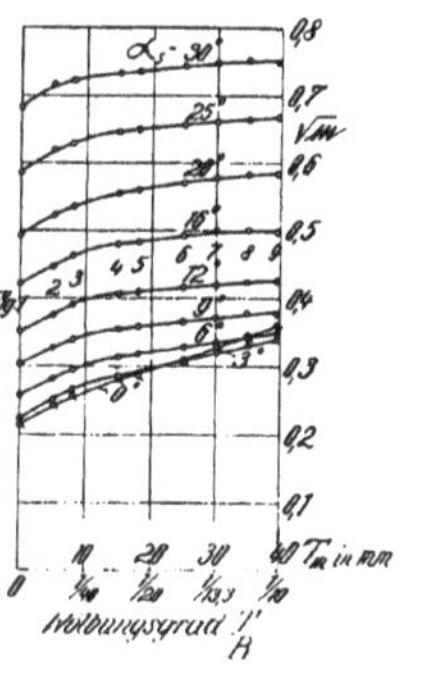


Fig. 170.

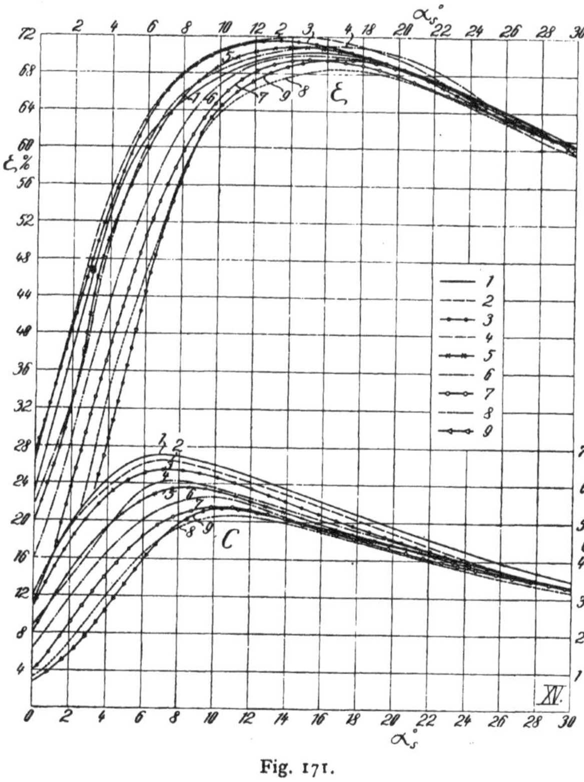


Fig. 171.

## Versuchskurven und Vergleichsgrößen zu Serie XV.

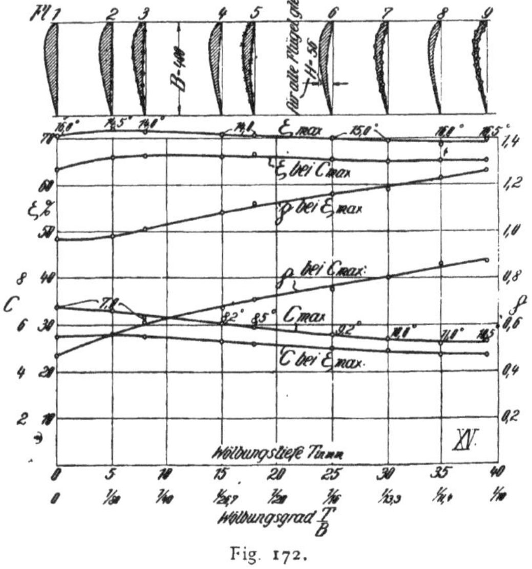


Fig. 172.

bis zu einem Wölbungsgrad der Druckseite $T/B = 1/_{12}$ ungefähr proportional mit diesem zu. Vgl. auch dazu die Eiffelschen Druckmessungen (Tafel X und XI und IV—VII).

Die Gesamtwirkung des Schraubenflügels setzt sich ja zusammen aus der Saugwirkung der Saugseite und der Druckwirkung der Druckseite, und nach einer Anzahl der Eiffelschen Druckmessungen wächst das Verhältnis von Auftrieb zu Widerstand (bei der Schraube entspricht dieses Verhältnis der Kraftausnutzung $C$) ungefähr proportional mit dem Verhältnis des durchschnittlichen Unterdruckes auf der Saugseite zum Überdruck auf der Druckseite. Dieses Verhältnis ist auffallend klein, also ungünstig für solche Flächen, die auf der Druckseite teilweise Saugwirkung aufweisen. Demnach wäre anzustreben, durch entsprechende Formgebung des Flügelprofils den Unterdruck auf der Saugseite möglichst groß, den Überdruck auf der Druckseite dagegen möglichst klein zu machen, jedoch ohne daß an einzelnen Stellen auf der Druckseite Saugwirkung auftritt. Es wäre also der Flügel der günstigste, bei dem die ganze Schubkraft von der Saugseite allein erzeugt wird.

Für die untersuchten Formen muß das Maximum der Kraftausnutzung, da dasselbe Verhältnis von Saugwirkung der Saugseite zur Druckwirkung der Druckseite für jede Druckseitenwölbung bei einem andern Anstellwinkel liegt, ebenfalls bei verschiedenen Anstellwinkeln liegen. In der Tat wandert das $C_{max}$, wie Fig. 172 zeigt, von $\alpha_s = 7^0$ bei der ebenen Druckseite (Flügel 1) allmählich nach $\alpha_s = 11^0$ bei den stärkst gewölbten Formen (Flügel 8 und 9) (die zu $C_{max}$ gehörigen Anstellwinkel sind in Zahlen beigeschrieben).

Bei diesen Winkeln verschwindet offenbar gerade der Unterdruck auf der Druckseite, und das Verhältnis von Saugwirkung zu Druckwirkung hat hier sein Maximum. Mit größerem Anstellwinkel wird wegen des zunehmenden Druckes auf der Druckseite dieses Verhältnis kleiner, und mithin fällt auch die Kraftausnutzung.

Die Messungen des statischen Druckes über dem Flügelquerschnitt geben einen vorzüglichen Einblick in den Verlauf der Strömung um das Profil und lassen leicht erkennen, in welcher Hinsicht Verbesserungen zu erzielen sind.

Zu dem Maximum von $C$ und $\zeta$, das in Fig. 172 je als Funktion von der Wölbungstiefe bzw. des Wölbungsgrades der Druckseite aufgetragen ist, ist besonders zu bemerken, daß das Maximum des Gütegrades $\zeta$ von der Wölbung der Druckseite nur wenig beeinflußt wird. So bewirkt die kleine Wölbung $T/B = 1/_{80}$ eine Erhöhung um ca. 2% gegen die ebene Druckseite. Mit stärkerer Wölbung nimmt die $\zeta_{max}$-Kurve wieder ab, jedoch nur wenig. Die sehr verschiedene Wölbung in den Grenzen von $T/B = 1/_{10}$ bis $1/_{80}$ verursacht eine Änderung von $\zeta_{max}$ um nur 3%.

Man darf nicht annehmen, daß bei jedem Flügel durch leichte Wölbung der Druckseite eine Erhöhung von $\zeta$ erzielt werden kann, sondern wir wissen aus früheren Versuchen, daß wahrscheinlich für einen Flügel mit bestimmtem Umriß das Optimum des Gütegrades auch bei ebener Druckseite durch starke Wölbung der Saugseite erreicht werden kann, daß dann bei dieser günstigsten Wölbung der Saugseite mit gleichzeitiger Wölbung der Druckseite der Gütegrad abnimmt. Je mehr aber die Saugseitenwölbung unter der günstigsten liegt, um so mehr muß die Druckseite gewölbt werden, um den höchst erreichbaren Gütegrad zu erzielen.

Größer ist der Einfluß der Druckseitenwölbung auf die Kraftausnutzung. Diese fällt von der ebenen Form bis zur größten Wölbung von $C_{max} = 6{,}8$ auf 5,1, also um rd. 25%.

Die zu $\zeta_{max}$ gehörige Flächenausnutzung nimmt dementsprechend von 0,95 auf 1,25 ungefähr linear mit der Wölbung zu.

Ein Vergleich mit Versuchen über den Einfluß der Saugseite zeigt, daß diese den Gütegrad und die Kraftausnutzung weit stärker beeinflußt als die Druckseite. Auch Kutta[1]) findet bei seinen Zirkulationsströmungen den Einfluß der Saugseite dem der Druckseite gegenüber bedeutend überwiegend. Er sucht die Gesamtwirkung einer Sichel (mit endlicher Dicke) durch die eines einzigen Kreisbogens zu ersetzen, der die Mittellinien der spitzen Winkel der Sichel tangiert; er findet jedoch, daß die Wirkung dieses Kreisbogens geringer ist als die der Sichel.

Folgerungen: Die Formgebung der Druckseite beeinflußt den Gütegrad nur sehr wenig, vorausgesetzt, daß die Saugseite eine günstige (starke) Wölbung besitzt. Der Einfluß auf Flächenausnutzung und infolgedessen auf Kraftausnutzung ist etwas größer. Eine günstige Saugseite erfordert aber bei ebener Druckseite eine sehr starke Wölbung ($H/B = 1/_6$ bis $1/_7$) und mithin bei der in der Praxis allgemein üblichen Herstellung aus Holz eine große Dicke, die meist wegen der Zentrifugalkraft unzulässig ist. Bei geringerer Drehzahl jedoch und wo es nicht sehr auf Gewichtsersparnis ankommt, ist eine starke Wölbung der Saugseite (bis $1/_7\,B$) bei ebener Druckseite hinsichtlich des Gütegrades günstig; außerdem erleichtert die ebene Druckseite eine präzise Herstellung der Schraube, und schließlich ist der dicke, ebene Flügel widerstandsfähiger gegen Verziehen als der dünne, auch auf der Druckseite gewölbte Flügel, ein Gesichtspunkt, der für die Praxis nicht unwichtig ist.

In den meisten Fällen ist man jedoch gezwungen, das Flügelblatt wegen der Beanspruchung durch Zentrifugalkraft nach außen hin dünner zu machen. In diesem Falle dürften Wölbungsgrade von $1/_{10}$ bis $1/_{15}$ für die Saugseite und $1/_{60}$ bis $1/_{40}$ für die Druckseite günstige und praktisch brauchbare Profile liefern.

## 12. Nachtrag über den Einfluß verschiedener Saugseitenwölbung bei ebener Druckseite.

(Serie IV.)

Die bereits veröffentlichte Serie IV[1]) zeigt bei ebener Druckseite den Einfluß einer verschieden starken Wölbung der Saugseite. Für letztere ist die geometrisch einfachste Form, ein Kreisbogen, gewählt. Ein- und Austrittskante sind scharf (derartige Profile finden vielfach bei Schiffsschrauben Verwendung). Das Profil ist wieder über den ganzen Radius gleich. Der Umriß des Flügelblattes ist: $R_i = 795$ mm, $R_a = 1795$ mm, $B = 400$ mm ($B/R = 1/4{,}5$).

Der Einfluß der Saugseitenwölbung auf Schubkraft und Drehmoment wird hier nur analytisch angegeben. Bei der kleinsten Wölbung $H/B = 0{,}03$ (aus Herstellungs- und Festigkeitsrücksichten konnte die Wölbung nicht kleiner gemacht werden) ist die Schubkraftcharakteristik

$$\mathfrak{p}_0 = 9{,}4 \cdot \sin 2\alpha_s - 0{,}33,$$

die Drehmomentcharakteristik

$$\mathfrak{m}_0 = 0{,}0059 \cdot \alpha_s^{1,9} - 0{,}041.$$

Mit zunehmender Saugseitenwölbung nehmen diese zu um:

$$\Delta\,\mathfrak{p} = (13{,}9 + 0{,}033\,\alpha_s + 4{,}9 \cdot \sin 12\,\alpha_s)\;H/B$$

und $$\Delta\,\mathfrak{m} = (1{,}96 + 0{,}13\,\alpha_s + 1{,}63 \cdot \sin 10\,\alpha_s) \cdot H/B.$$

Diese Formeln gelten für $\alpha_s = 0^0$ bis $25^0$ und $H/B = 0{,}03$ bis 0,15. Für beliebige Wölbung der Saugseite innerhalb der angegebenen Grenzen ist dann:

$$\mathfrak{p} = \mathfrak{p}_0 + \Delta\,\mathfrak{p}$$

und $$\mathfrak{m} = \mathfrak{m}_0 + \Delta\,\mathfrak{m}.$$

Schubkraft und Drehmoment nehmen also ungefähr proportional mit dem Wölbungsgrad der Saugseite zu. Die Größe der Zunahme ist sehr vom Anstellwinkel abhängig, wie der Faktor von $H/B$ ausdrückt; dieser erreicht sein Maximum für $\Delta\,\mathfrak{p}$ bei $\alpha_s \cong 7{,}5^0$, für $\Delta\,\mathfrak{m}$ bei $\alpha_s = 9^0$. Bei größerem Anstellwinkel wird die Größe des Einflusses wieder geringer. Hinsichtlich des Gütegrades ist eine starke Wölbung der Saugseite bei ebener Druckseite durchaus günstig. Er wächst annähernd gleichmäßig mit der Wölbung der Saugseite bis zu einem Wölbungsgrad von $H/B = 0{,}15$ ($= 1/6{,}7$), bei dem anscheinend das Maximum er-

[1]) W. M. Kutta, Über ebene Zirkulationsströmungen, Sitzungsberichte der K. B. Akademie der Wissenschaften zu München, Mathematisch-physikalische Klasse, Jahrgang 1911, S. 65.

[1]) Luftschrauben-Untersuchungen Heft I, 1911, Abschnitt 4, S. 26; Zeitschr. f. Flugtechnik u. Motorl. 1911, S. 149.

reicht ist. Der Gewinn der flachsten Form gegenüber beträgt hier ca. 6%, ist also bedeutend größer als bei verschiedener Druckseitenwölbung und gleichbleibender Saugseite[1]).

## 13. Profile mit vollkommen stetig gewölbter Saug- und Druckseite.

(Serie XIII.)

Die große Wichtigkeit, die wir für höchste Wirkung nach allen bisherigen Versuchen[2]) der Wölbungsstetigkeit auf der Saugseite beimessen mußten, legt den Versuch nahe, ob nicht durch vollkommen stetige Wölbung auch an der Druckseite und an der Übergangsstelle vorn noch bedeutend zu gewinnen sei. Denn hier, beim Anschluß des Eintrittsbogens an die Druckseite, war bisher stets ein Sprung im Krümmungsradius verblieben; meist, bei ebener Druckseite, stieg er plötzlich ins Unendliche. Die folgende Versuchsreihe zeigt, daß diesem Punkt keine große Bedeutung zukommt.

Die untersuchte Profilreihe ist aus der »einfach parabolischen Kurve« hervorgegangen, deren Bedeutung wir in Heft I (S. 39) entwickelt haben. Die Konstruktion des Profils ist aus Fig. 173 ersichtlich. $y$ ist dabei die Differenz der Ordinaten einer gemeinen Parabel, $y_2 = k\sqrt{B'x}$ und einer Geraden $y_1 = kx$:

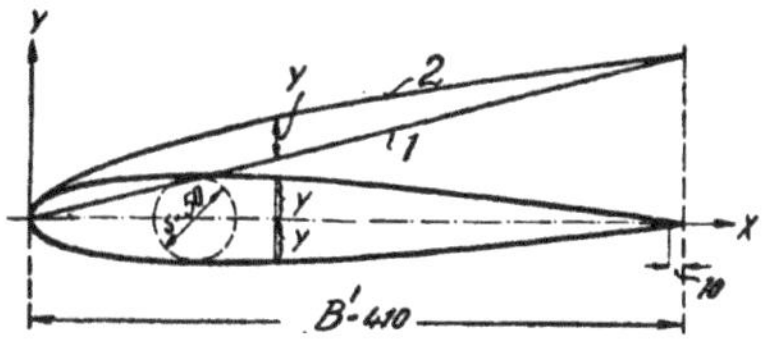

Fig. 173. Geom. Bestimmung der Profilform zu Serie XIII.

$$y = y_2 - y_1 = k \cdot B' \left( \sqrt{\frac{x}{B'}} - \frac{x}{B'} \right).$$

Darin bedeutet $B'$ die Profilbreite in mm, $x$ den Abstand von der Vorderkante in mm und $k$ die Richtungskonstante der Geraden. Durch verschiedenes $k$ kann die Dicke des Profils beliebig variiert werden.

$k$ hängt in einfacher Weise[3]) mit den Hauptdimensionen des Profils, der größten Dicke $S$ und der Breite $B'$ zusammen. Es ist $k = 2 \cdot S : B'$. Es ist $S = 50$ mm und $B' = 410$ mm gewählt. Die dabei entstehende scharfe Schneide an der Austrittskante wird nachträglich um 10 mm verkürzt, um die für Holzflügel praktisch erforderliche Kantenrundung zu erhalten. Wir wissen ja auch aus früheren Versuchen[1]), daß diese kleine Abrundung die Versuchsresultate verschwindend wenig beeinflußt. Für die Formen 1, 2, 3, 4, 5 (Fig. 182) sind die Ordinaten $y$ nach beiden Seiten von Kreisbogen mit den Wölbungspfeilen

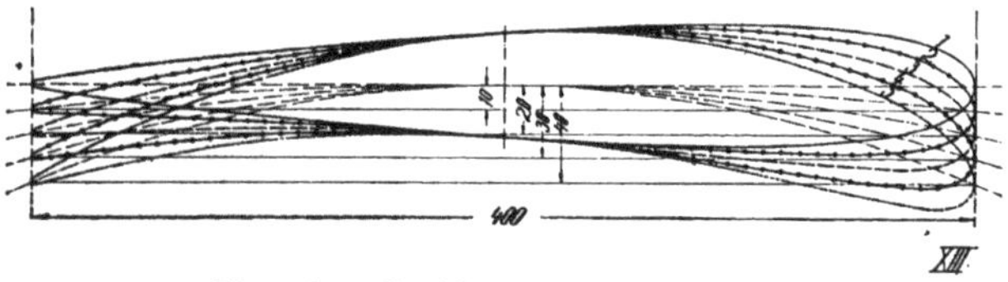

Fig. 182. Profilformen zu Serie XIII.

| | | | | | |
|---|---|---|---|---|---|
| $T_m =$ | 0 | 10 | 20 | 30 | 40 mm |
| $T_m/B =$ | 0 | 1/40 | 1/20 | 1/13,3 | 1/10 |

aufgetragen. Das geschah der Einfachheit halber nicht auf den Radien, sondern auf den zur Sehne des Kreisbogens senkrecht stehenden Ordinaten.

Der Radius der Kreisbogen ergibt sich aus

$$R_m = \frac{B}{2} \cdot \left( \frac{B}{4\,T_m} + \frac{T_m}{B} \right),$$

worin $B$ die Sehnenlänge des Kreisbogens und $T_m$ dessen Wölbungspfeil bedeutet. Der Umriß des Flügelblattes ist

$$R_i = 200,\ R_a = 1500,\ B = 400 \text{ mm}.$$

Für die Form 1 ist wegen der nach außen gewölbten Druckseite des Profils der Anstellwinkel nicht in der üblichen Weise angegeben, weil man keine Sehne an die Druckseite legen kann. Statt dessen beziehen wir den Winkel auf die Austrittstangente der Druckseite, die mit der ebenen Mittellinie des Profils einen Winkel von 5,5° bildet, was offenbar einen stetigen Anschluß an die übrigen Formen erwarten läßt[2]). $\mathfrak{p}$ wurde natürlich = 0, wenn die Mittellinie des Querschnittes mit der Drehebene den Winkel 0 bildet.

Während bei alleiniger Wölbung der Druckseite (Serie XV) die Schubkräfte bei kleinen Anstellwinkeln schon mit einer geringen Wölbungstiefe ihr Maximum erreicht haben, wachsen hier bei gleichzeitiger Wölbung von Saug- und Druckseite die Schubkräfte durchweg mit zunehmender Wölbung und weisen in dem untersuchten Bereich bei keinem Anstellwinkel auf ein Maximum hin. Dies rührt von der starken Wirkung der Saugseite her. Nach Serie IV war nämlich die Zunahme der Kräfte bei ebener Druckseite annähernd proportional dem Wölbungsgrad der Saugseite, aber nur bis zu einem Werte von $H/B = 1/6$. Das Anwachsen von Schubkraft und Drehmoment ist auch hier stark vom Anstellwinkel abhängig. Bei kleinen Anstellwinkeln ist nämlich die Zunahme stärker als bei großen. Auffallend stark nehmen Schubkraft und Drehmoment von Flügelform 4 bis 5 zu (Fig. 177 u. 179). Wir verzichteten darauf, die Zunahme von Schubkraft und Drehmoment mit zunehmender Wölbung analytisch auszudrücken, da bei den erheblichen Unstetigkeiten übersichtliche Formeln nur eine rohe Annäherung geben könnten.

Diese Serie gibt außerdem über einen Gesichtspunkt Aufschluß, den man bei der Formgebung von Flügelquer-

[1]) Die absolute Größe des Gütegrades ist bei dem größeren Innendurchmesser ($R_i = 795$ mm) um ca. 5% geringer als bei demselben Profil und $R_i = 200$ mm.

[2]) Vgl. besonders Heft II, Abschnitt 7.

[3]) Die Lage der größten Dicke des Profils ergibt sich aus $dy/dx = 0$ zu: $x = 1/4\ B'$ für $y_{max} = S/2$; setzen wir $x = 1/4\,B'$ in die Gleichung für $y$ ein, so erhalten wir mit $y = S/2$ die Richtungskonstante $k = 2\ S/B'$.

[1]) Luftschrauben-Untersuchungen, Heft II, 1912, S. 1; Z. f. Fl. u. M. 1911, S. 248.

[2]) Die Mittellinie wurde mit Hilfe einer Schablone, die eine zu dieser genau parallele Fläche besitzt, auf welche die Winkellibelle aufgelegt werden konnte, unter einen bestimmten Winkel zur Drehebene eingestellt. Dieser Winkel, vermindert um 5,5°, wurde dann für die Auftragung der Versuchswerte als Anstellwinkel angenommen.

Tabelle 13.

### Übersicht zu Serie XIII.

| Flügel Nr. der Güte nach geordnet | Wölbungstiefe d. Mittell. $T_m$ mm | Wölbungstiefe d. Drucks. $T$ mm | $T_m/B$ | $C_{max}$ | und zugehöriges $\zeta$ % | $\mathfrak{p}$ | $\alpha_s^0$ | $\vartheta^0$ | $\zeta_{max}$ % | und zugehöriges $C$ | $\mathfrak{p}$ | $\alpha_s^0$ | $\vartheta^0$ | Winkelbereich ($\alpha_s^0$) mit $\zeta > 68$ % |
|---|---|---|---|---|---|---|---|---|---|---|---|---|---|---|
| [illegible] | 10 | 3,5 | 1/40 | 7,8 | 66,3 | 0,41 | 5,0 | + 11,0 | 72,0 | 6,6 | 0,72 | 11,0 | + 16,5 | 5,7 — 21,0 ≅ 15 |
| 4 | 30 | 16,5 | 1/13,3 | 8,1 | 67,8 | 0,40 | 2,0 | + 2,5 | 71,3 | 7,2 | 0,59 | 6,0 | + 8,5 | 2,1 — 17,0 ≅ 15 |
| 3 | 20 | 8,5 | 1/20 | 7,7 | 63,7 | 0,37 | 3,0 | — 5,0 | 70,2 | 6,2 | 0,76 | 11,5 | + 3,0 | 5,9 — 19,1 ≅ 13 |
| 5 | 40 | 25,0 | 1/10 | 6,2 | 65,9 | 0,63 | 4,5 | — 11,5 | 70,4 | 5,6 | 0,94 | 10,0 | — 7,5 | 5,9 — 15,4 ≅ 10 |
| 1 | 0 | konvex | 0 | 7,1 | 60,7 | 0,38 | 5,5 | — 13,5 | 68,8 | 6,3 | 0,69 | 11,0 | — 8,0 | 8,8 — 13,7 ≅ 5 |

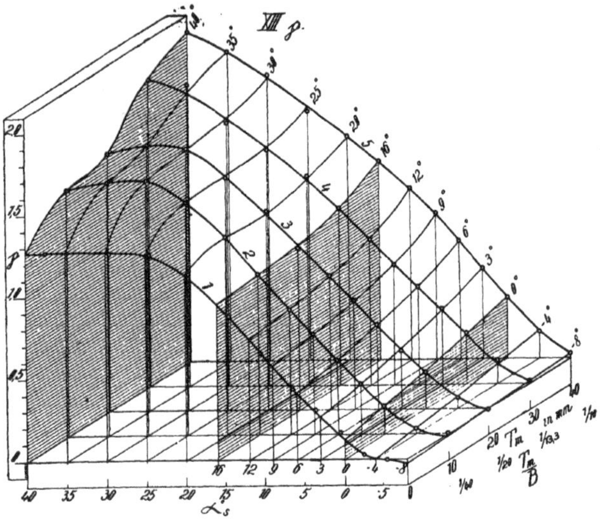

Fig. 174.

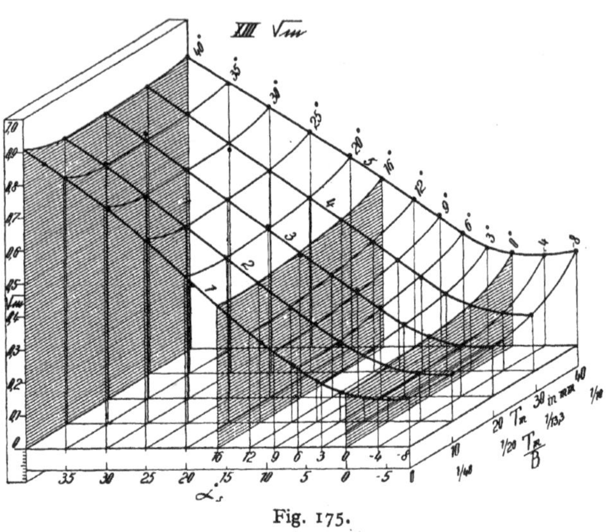

Fig. 175.

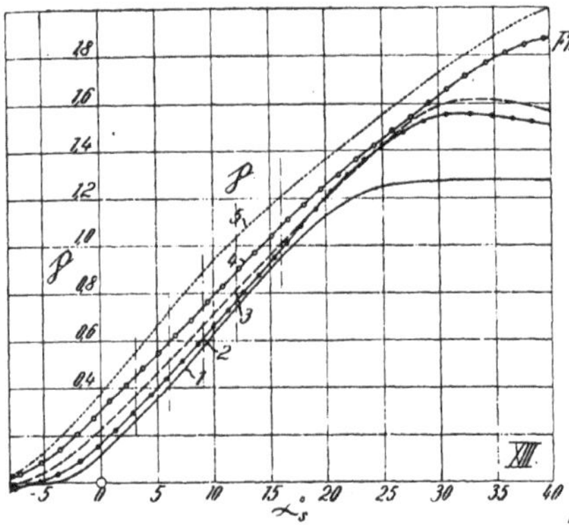

Fig. 176.

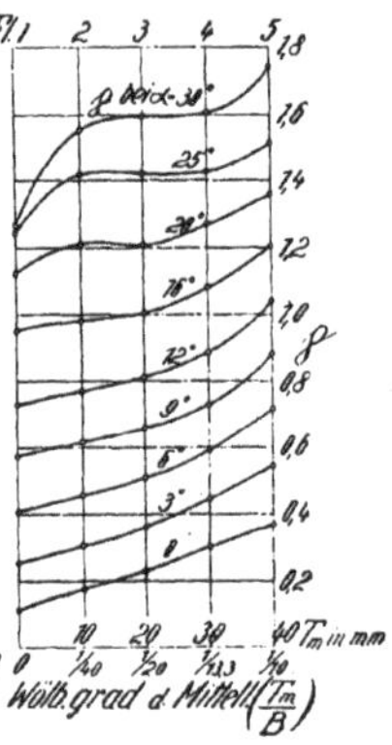

Fig. 177.

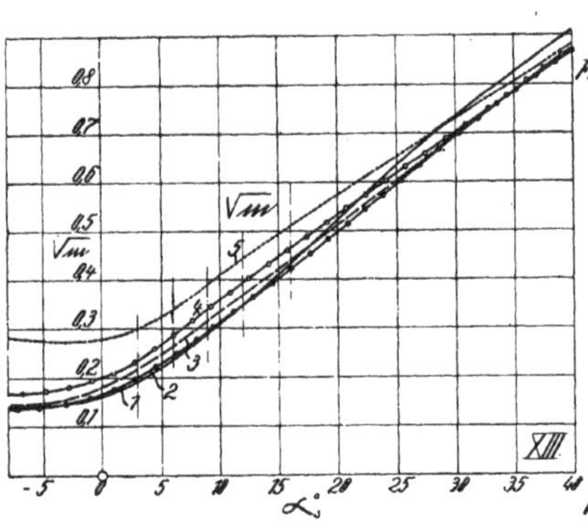

Fig. 178.

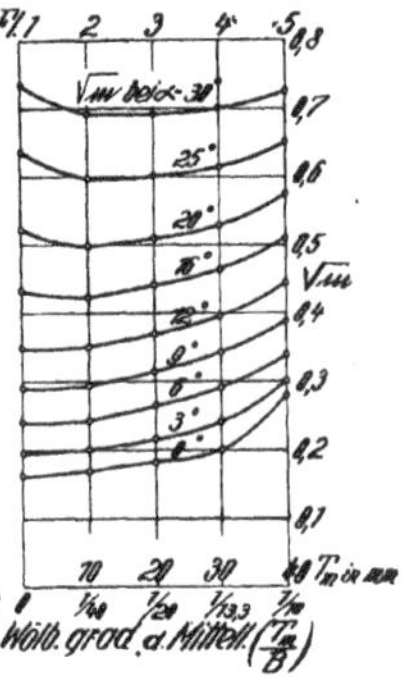

Fig. 179.

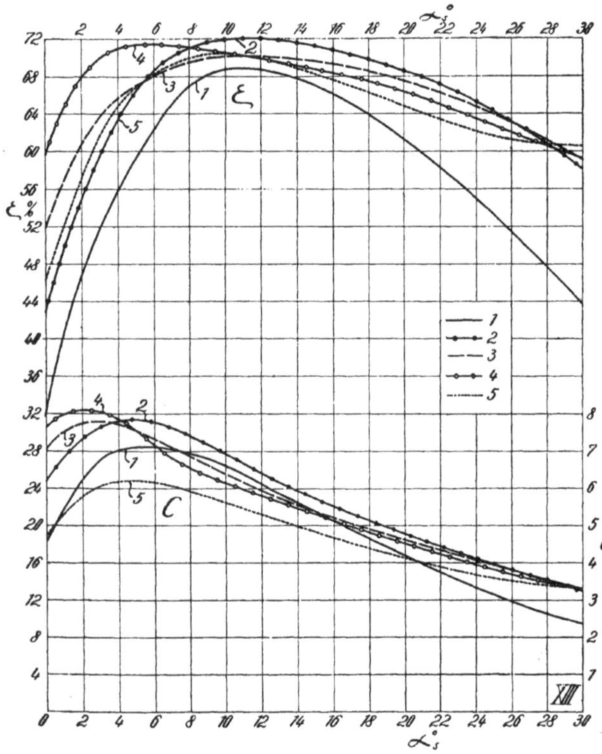

Fig. 180.

## Versuchskurven und Vergleichsgrößen zu Serie XIII.

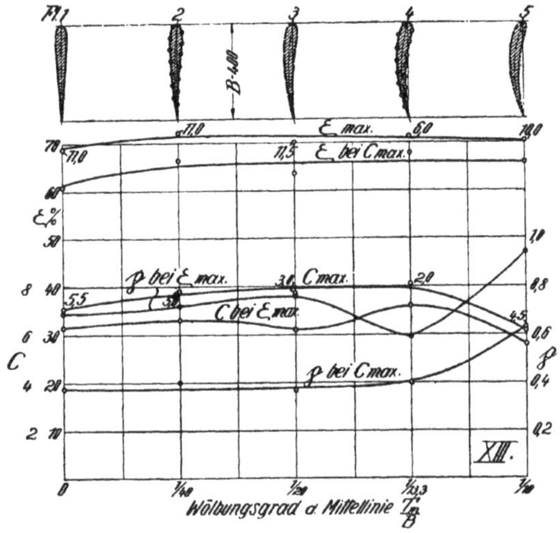

Fig. 181.

schnitten vielfach angewandt findet[1]), nämlich über die Form des Flügels an der Eintrittskante. Es liegt die Vermutung nahe, daß bei einem guten Profil der Spaltungspunkt der Stromfäden am vordersten Punkt des Profils liegen muß, und daß ferner, um einen stoßfreien Eintritt der Stromfäden zu erreichen, die Tangenten an die äußersten Elemente des Flügeleintritts möglichst in die Richtung der eintretenden Stromfäden fallen müssen, so daß diese an der Vorderkante ohne wesentliche Richtungsänderung geteilt und dann erst durch die gekrümmten Arbeitsflächen abgelenkt werden. Diesen Gesichtspunkt hat z. B. Dornier der Konstruktion der Zeppelinschrauben zugrunde gelegt. Diese Anschauung führt

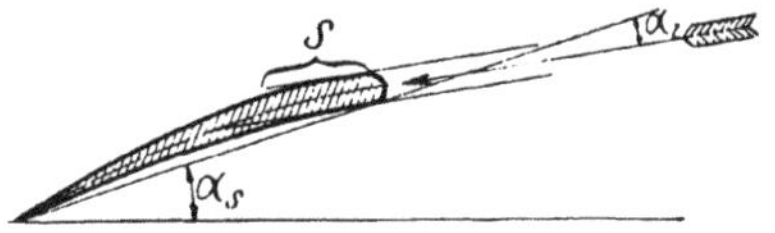

Fig. 183.

ungefähr zum obenstehenden Profil der Fig. 183. Die starke Abrundung an der Eintrittskante ist nach eingehenden Versuchen[2]) für die Schraubenwirkung günstig. Der an diese Eintrittsrundung sich anschließende flache Übergang auf der Saugseite ($S$ in Fig. 183) verursacht jedoch starke Wirbel und mithin große Energieverluste. Die Stromfäden erfahren hier, wie Kutta nachweist, eine starke Beschleunigung. Da sich die Profilformen der stark gekrümmten Bahn der Stromfäden an dieser Stelle anschmiegen sollen, muß ein günstiges Profil an Stelle des flachen Bogens $S$ einen starken Krümmungsbogen erhalten. Daß auch die Tangenten an die äußeren Elemente der Eintrittskante in die Richtung der eintretenden Flüssigkeit fallen sollen, ist nach dieser Versuchsserie ganz unwesentlich. Wenn nämlich dies der Fall wäre, würde das Maximum der Kraftausnutzung bei den einzelnen Formen dann eintreten, wenn die Tangente an die Mittellinie des Profils am Eintritt in die Richtung der eintretenden Flüssigkeit fällt, d. h. bei einem

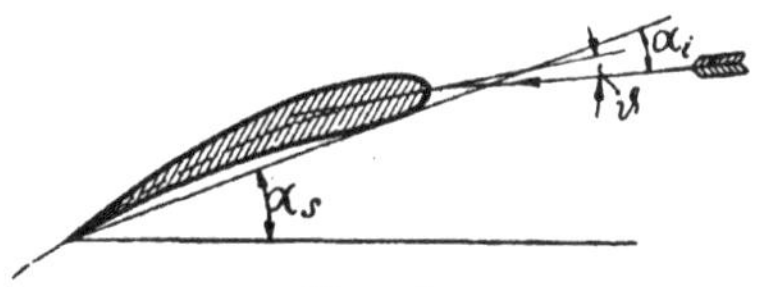

Fig. 184.

Anstellwinkel $\alpha_s$, bei dem $\vartheta = 0$ ist (Fig. 184). In der Tabelle 13 ist dieser Winkel $\vartheta$ für die zu $C_{max}$ und $\zeta_{max}$ gehörigen Anstellwinkel eingetragen. Es zeigt jedoch weder die absolute Größe noch die Lage der $C_{max}$ oder $\zeta_{max}$ eine Abhängigkeit von diesem Winkel. Mit Berücksichtigung der Ansaugegeschwindigkeit, die im Druckmittelpunkt (ca. $^3/_4$ $R$) schätzungsweise 10% der Umfangsgeschwindigkeit beträgt, weicht obige zu vermutende Bedingung noch stärker von der Wirklichkeit ab. Es hat demnach keine Bedeutung, ob die Eintrittstangente der Mittellinie in die Richtung der Relativströmung fällt. Dieses Beispiel zeigt so recht, daß reine Gefühlsvorstellungen bei den komplizierten Strömungsvorgängen an der Schraube vollständig versagen.

Der Gütegrad wird bei der Form 1 durch geringe Flächenausnutzung herabgedrückt. Für die übrigen Formen ist er annähernd gleich groß (im Mittel 71%). Form 2, 3 und 4 sind auch hinsichtlich Kraftausnutzung ungefähr gleichwertig, während diese bei Form 5 mit $C_{max} = 6{,}2$ annähernd 20% unter dem Mittel der übrigen liegt. Die praktische Wölbung der Mittellinie solcher Profile darf also $T_m/B \cong 1/12$ nicht überschreiten.

Bei Form 4 liegt das Maximum von Kraftausnutzung und Gütegrad bei einem auffallend kleinen Anstellwinkel, nämlich bei $\alpha_s = 2^0$ bzw. $6^0$, während es sonst in den Grenzen von $4^0$ bis $8^0$ bzw. $10^0$ bis $15^0$ liegt. Selbst wenn wir die Ansaugegeschwindigkeit nur zu 5% von der Umfangsgeschwindigkeit annehmen, gibt diese Form die günstigste Kraftausnutzung bei einem Angriffswinkel $\alpha_i = 0$, d. h. wenn die Sehne der Druckseite in die Richtung der eintretenden Flüssigkeit fällt. Diese auffallende Erscheinung darf nicht etwa auf Ungenauigkeit der Versuche zurückgeführt werden, sondern ist, wie Fig. 174, 175 zeigen, eine Eigenschaft des Profils, die nicht ohne Bedeutung ist.

Die Praxis hat nämlich lebhaftes Interesse daran, Profile zu benutzen, die bei verschiedenen Anstellwinkeln (veränderlicher Steigung) günstig wirken; denn bei geringer Drehzahl wird man, um bei vorgeschriebenem Durchmesser und Flügelzahl nicht ungünstig breite Flügel zu erhalten, zu großer Steigung gezwungen sein, während man bei hoher Drehzahl der Schraube geringe Steigung geben muß, um die verfügbare Antriebsleistung nicht zu überschreiten. Mit anderen Worten: Wenn es auf hohe Flächenausnutzung ankommt, ist diejenige Form günstig, die bei hohem Anstellwinkel gute Wirkung ergibt. Ist man dagegen im Durchmesser nicht beschränkt, so wird man diesen möglichst groß wählen, wobei die Schraube kleine Steigung erhält.

## 14. Einfluß des Austrittspitzenwinkels ($\varepsilon_a$) bei sonst gleichbleibendem Profil.

(Serie XIV.)

Auf Grund früherer Versuche können wir dem Winkel an der Austrittskante keine große Bedeutung zuschreiben. Wir haben ihn trotzdem systematisch untersucht, weil er nach einigen Autoren für die Kraftwirkung eines Flügels beinahe allein maßgebend sein soll. Z. B. ist nach Gümbel die Wirkung einer Schraube neben dem Durchmesser lediglich vom Ablenkungswinkel der Flüssigkeit abhängig. Nach dieser Theorie wird der Ablenkungswinkel in der Hauptsache von der Form des hinteren Teils des Querschnitts, des Zuschärfungswinkels, bestimmt.

Rateau[1]) setzt, unter Vernachlässigung der Ansaugegeschwindigkeit, diesen Ablenkungswinkel gleich dem Winkel, den die Halbierende des Austrittsspitzenwinkels mit der Drehebene bildet. Darnach würde die Schubkraft zu 0 werden, wenn dieser Ablenkungswinkel 0 ist. Diese Annahme hat sich nach unseren Versuchen nicht bestätigt. In der folgenden Serie XIV ist ein Profil mit 10 verschiedenen Austrittskantenwinkeln untersucht (Fig. 185). Die Druckseite und die Eintrittsform sind bis zum Punkt der größten Höhe für sämtliche 10 Formen die gleichen. Das Profil ist wieder über den ganzen Radius dasselbe. Der Umriß ist der übliche: $R_i = 200$, $R_a = 1500$, $B = 400$ mm. Die Ausgangsform 1 wird durch den Bogen einer Ellipse gebildet.

Die kreisförmige Abrundung $\left(\frac{S_e}{2} = {}^1/_{27}\ B\right)$ an der Eintrittskante geht in beliebigem Bogen in die Ellipse auf der Saugseite über. Die größte Höhe des Profils ($H = 1/7{,}5\ B$) liegt rd. $^1/_4$ $B$ von der Eintrittskante entfernt. Der größte Austrittskantenwinkel, $\varepsilon_a = 40^0$, wird durch Abarbeiten vom Punkt der größten Dicke ab in 10 Stufen (Fig. 185) auf $2^0$

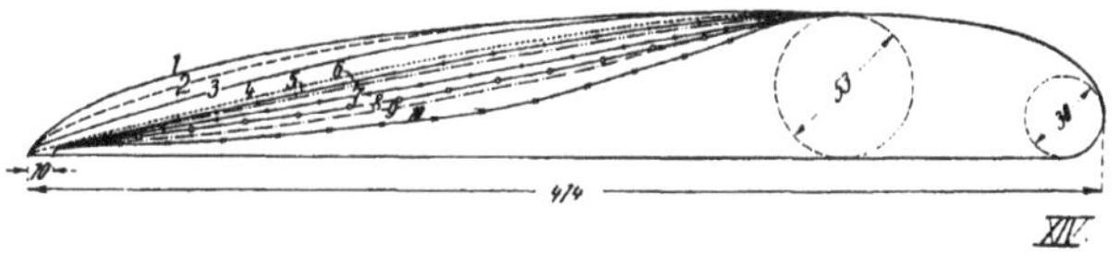

Fig. 185. Profilformen zu Serie XIV.

verkleinert. Eine weitere Verminderung war wegen ungenügender Festigkeit der Austrittskante ohne besondere Konstruktion nicht möglich. Die Form 7 bildet einen ebenen Übergang von der Stelle der größten Höhe zur Austrittskante. Von da ab (Form 8 bis 10) kehrt die Saug-

[1]) Dornier, Beitrag z. Berechnung von Luftschrauben 1912; Gümbel, Das Problem des Schraubenpropellers 1913.

[2]) Luftschrauben-Untersuchungen, Heft II, 1912, S. 4; Z. f. Fl. u. M. 1912, S. 44.

[1]) Referat von Schwager, Motorwagen 1910, S. 298.

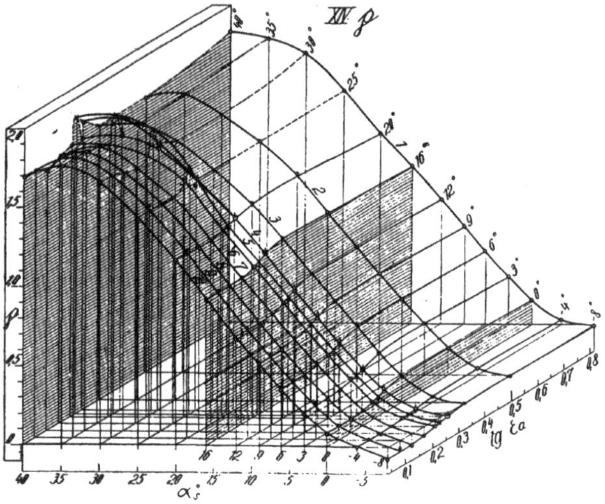

Fig. 186.

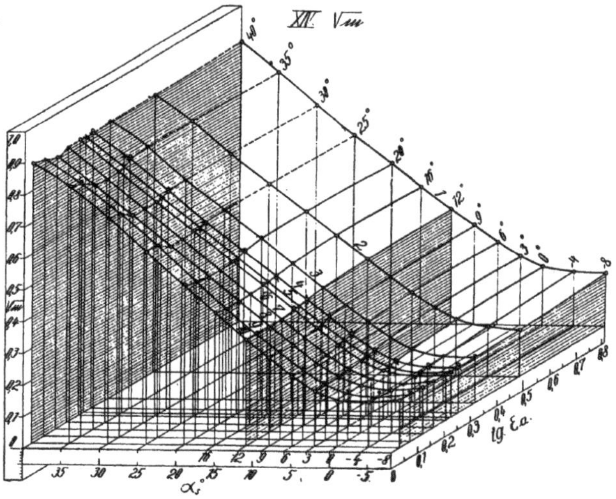

Fig. 187.

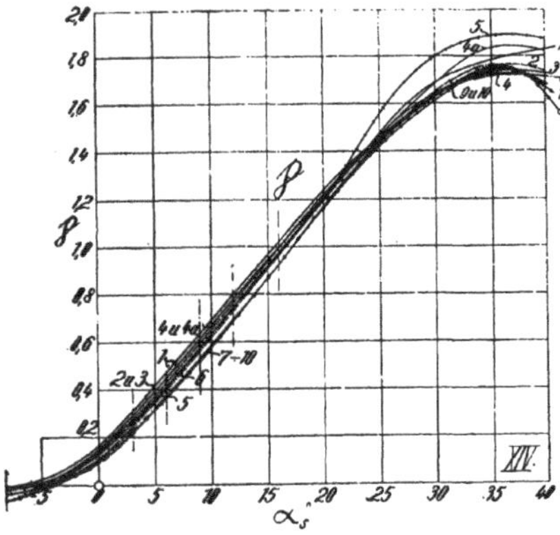

Fig. 188.

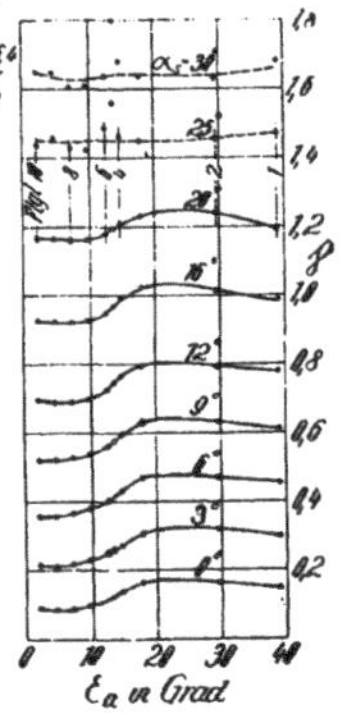

Fig. 189.

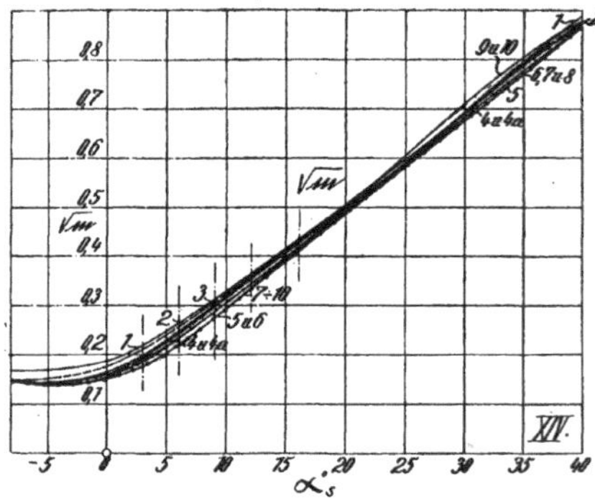

Fig. 190.

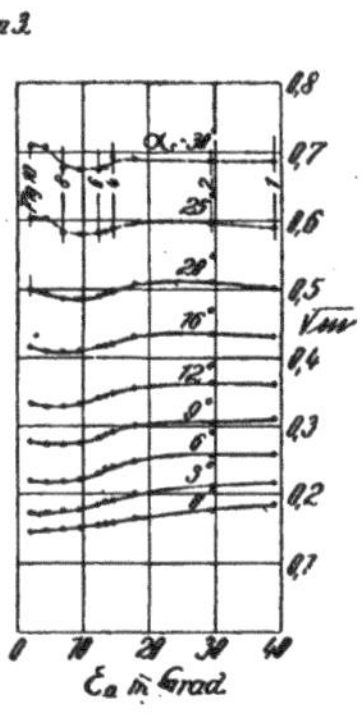

Fig. 191.

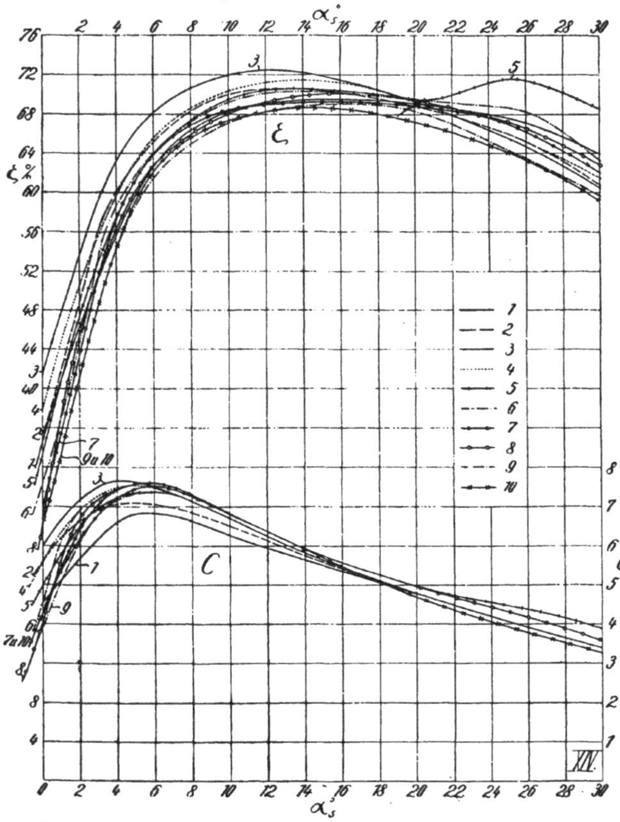

Fig. 192.

## Versuchskurven und Vergleichsgrößen zu Serie XIV.

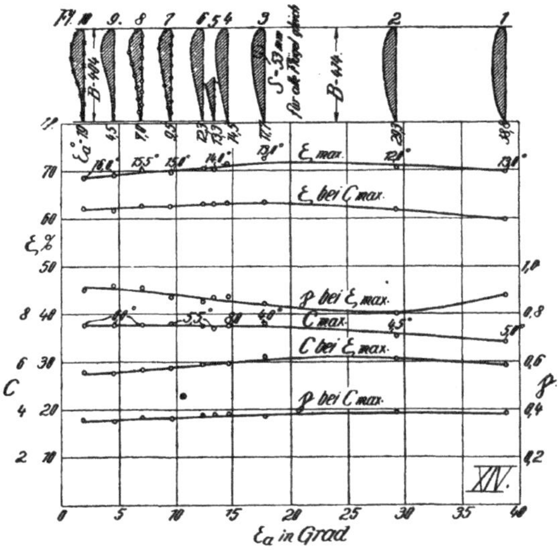

Fig. 193.

Tabelle 14.

## Übersicht zu Serie XIV.

| Flügel Nr. | tg $\varepsilon_a$ | $\varepsilon_a{}^0$ | $C_{max}$ | und zugehöriges $\zeta$ % | $\mathfrak{p}$ | $\alpha_s{}^0$ | $\zeta_{max}$ | und zugehöriges $C$ | $\mathfrak{p}$ | $\alpha_s{}^0$ | Winkelbereich ($\alpha_s{}^0$) mit $\zeta > 68$ % |
|---|---|---|---|---|---|---|---|---|---|---|---|
| 3 | 0,32 | 17,7 | 7,6 | 63,3 | 0,37 | 4,0 | 72,5 | 6,2 | 0,85 | 13,0 | 5,8—21,6 ≅ 16 |
| 4 | 0,26 | 14,5 | 7,5 | 63,1 | 0,38 | 5,0 | 71,5 | 5,9 | 0,88 | 14,0 | 7,4—21,7 ≅ 14 |
| 2 | 0,49 | 29,3 | 7,1 | 61,7 | 0,39 | 4,5 | 70,6 | 6,1 | 0,80 | 12,0 | 7,7—21,8 ≅ 14 |
| 5 | 0,23 | 13,3 | 7,4 | 63,0 | 0,38 | 5,5 | 70,3 | 5,8 | 0,87 | 14,0 | 8,4—30,6 ≅ 22 |
| 6 | 0,21 | 12,3 | 7,5 | 63,0 | 0,37 | 5,5 | 70,5 | 5,9 | 0,85 | 14,0 | 8,4—26,3 ≅ 18 |
| 7 | 0,16 | 9,5 | 7,6 | 64,0 | 0,36 | 5,5 | 69,5 | 5,7 | 0,87 | 15,0 | 8,4—21,6 ≅ 13 |
| 8 | 0,12 | 7,0 | 7,5 | 62,5 | 0,36 | 6,0 | 70,1 | 5,7 | 0,91 | 15,5 | 10,0—23,4 ≅ 13 |
| 1 | 0,80 | 38,8 | 6,8 | 59,4 | 0,38 | 5,0 | 70,5 | 5,8 | 0,88 | 13,0 | 9,5—23,7 ≅ 14 |
| 9 | 0,08 | 4,5 | 7,5 | 61,6 | 0,35 | 6,0 | 69,0 | 5,5 | 0,92 | 16,0 | 11,4—20,5 ≅ 9 |
| 10 | 0,03 | 1,9 | 7,5 | 62,3 | 0,36 | 6,0 | 68,6 | 5,5 | 0,90 | 16,0 | 11,4—18,1 ≅ 7 |

seite der Druckseite die konvexe Wölbung zu. Hier erscheint in der graphischen Darstellung neben $\alpha_s$ der Austrittswinkel $\varepsilon_a$ als zweite Variable. Bei den räumlichen Aufzeichnungen wurde des bequemeren Maßstabes wegen tg $\varepsilon_a$ genommen. Ein Blick auf die Bilder (Fig. 186 bis 191) läßt erkennen, daß die auch im Prinzip sehr stark verschiedenen Saugseitenaustrittsbogen Schubkraft und Drehmoment überraschend wenig, Kraftausnutzung und Gütegrad fast gar nicht beeinflussen.

Vom aerodynamischen Gesichtspunkte aus ist zu beachten, daß der übertrieben große Austrittskantenwinkel der Form 1 ($\varepsilon_a = 40^0$) wegen Wirbelauslösung eine (allerdings nur geringe) Verminderung der Schubkraft, aber auch nur eine kleine Erhöhung des Drehmoments verursacht (vgl. dagegen Gümbels Kritik der Fuhrmannschen Versuche). Die auftretenden Unregelmäßigkeiten bei höheren Anstellwinkeln (Fig. 188 bis 191) fallen in den Bereich der aerodynamischen Unstetigkeiten. Hier trifft meist (namentlich bei Form 5) das Anwachsen von Schubkraft und Drehmoment mit dem Quadrat der Drehzahl nicht mehr zu; die Proportionalitätszahlen haben hier deshalb keine Berechtigung. Bis zu einer Größe von ca. 9⁰ ist der Einfluß des Austrittskantenwinkels verschwindend gering. Erst bei $\varepsilon_a = 9^0$ setzt ein mit $\varepsilon_a$ ungefähr proportionales Anwachsen von Schubkraft und Drehmoment ein, bis das Maximum bei ca. 20⁰ erreicht ist. Bei diesem Austrittskantenwinkel liegt auch ungefähr das Maximum von $C$ und $\zeta$. In dem Bereich von $\varepsilon_a = 20^0$ bis $40^0$ ist der Einfluß des Austrittsspitzenwinkels bei sonst gleichem Profil verschwindend gering. Die Zunahme von Schubkraft und Drehmoment ließe sich sehr einfach analytisch als Funktion von $\varepsilon_a$, bzw. tg $\varepsilon_a$ angeben. Dies ist jedoch unterlassen, weil man in der Praxis damit nicht zahlenmäßig rechnet. Es kommt vielmehr nur auf den qualitativen Einfluß an.

Mit Ausnahme der besten Form 3, mit $\varepsilon_a = 18^0$, die sich von den übrigen Formen abhebt, ist der Unterschied in $C$ und $\zeta$ bei sämtlichen Formen nur ganz gering, trotz der großen Verschiedenheit der Zuschärfung der Austrittskante. Das ist nach den statischen Druckmessungen über den Querschnitt leicht erklärlich. Die Unterdrücke auf der Saugseite sind vorn am größten und verschwinden nach der Austrittskante zu fast vollständig.

Folgerungen: Der praktisch brauchbare Bereich des Saugseitenaustrittswinkels liegt zwischen 10⁰ und 20⁰. Günstig ist eine Annäherung an die obere Grenze, welche auch die höchste Schubkraft bei günstigster Wirkung liefert. Die schlanke, vielfach angewendete Austrittskante hat, wenn auch die Kraftwirkung nicht viel ungünstiger ist, den Nachteil, daß sie gegen Deformation und Verziehen nicht widerstandsfähig genug ist.

Den hinteren Zuschärfungs-(Austrittskanten-) Winkel der Theorie oder Berechnung der Schraubenwirkung zugrunde zu legen, ist nur insofern berechtigt, als derselbe bei den üblichen normalen Querschnitten mit dem maßgebenderen Verhältnis $H/B$ eng zusammenhängt (für die Sichel- oder Segmentform ist z. B. tg $\varepsilon_a = 4\,H/B$).

## Allgemeine Gesichtspunkte für die Formgebung des Schraubenprofiles.

### 1. Für die Saugseite.

Besondere Sorgfalt ist auf die Ausbildung der Saugseite in der Nähe der Eintrittskante zu legen. Vor allem sind Unstetigkeiten in der Krümmung möglichst zu vermeiden. Ein flacher Bogen in der Nähe der Eintrittskante ist als Wirbelerreger schädlich. Die größte Höhe (Abstand zwischen der Sehne der Druckseite und der parallel laufenden Tangente an die Saugseite) liegt zweckmäßig $^1/_5$ bis $^1/_3$ der Breite von der Eintrittskante entfernt. Die Austrittstangente der Saugseite muß mit der Sehne der Druckseite einen Winkel von 15⁰ bis 20⁰ bilden. Die Flächenausnutzung kann ohne Nachteil für den Gütegrad durch Vergrößerung der Höhe bis $H/B = {}^1/_7$ gesteigert werden, wodurch die Kraftausnutzung $C$ sich allerdings entsprechend verschlechtert.

Wenn eine Einschränkung des Durchmessers der Schraube nicht nötig ist, wählt man zugunsten der Kraftausnutzung zweckmäßig ein dünneres Profil, bei dem jedoch der Eintrittsbogen auf der Saugseite ebenfalls nicht zu flach sein darf. Für einen dünnen Querschnitt ändert sich die Kraftausnutzung sehr mit dem Anstellwinkel. Für die Lage des Maximums von $C$ (bzw. $\zeta$) ist eine Gesetzmäßigkeit noch nicht zahlenmäßig angegeben. Sie läßt sich jedoch für die meisten praktisch in Frage kommenden Profile aus vorhandenen Versuchen ersehen.

### 2. Für die Druckseite.

Bei ebener Druckseite bedingt eine günstige Saugseite eine für die Praxis meist zu große Dicke des Querschnitts. Man kann jedoch annähernd dieselbe günstige Kraftwirkung erzielen mit geringerer Wölbung der Saugseite, wenn gleichzeitig die Druckseite gewölbt wird.

Jedoch darf eine Wölbung der Druckseite $T > {}^1/_{40}\,B$, bei kleinen Anstellwinkeln wegen Wirbelbildung auf der Druckseite und der damit verbundenen Energieverluste nicht angewendet werden. Schon aus Herstellungs- und Festigkeitsrücksichten gibt man der Saugseite eine so starke Wölbung (jedoch $< {}^1/_7\,B$), wie es die Zentrifugalkraft wegen der Gewichtsvermehrung zuläßt, und wölbt die Druckseite nur gering.

Praktische Wölbungen sind: für die Saugseite $^1/_{10}\,B$ bis $^1/_{15}\,B$, für die Druckseite $^1/_{60}\,B$ bis $^1/_{40}\,B$. Die Wölbung der Druckseite muß dabei zur Erzielung einer günstigen Kraftwirkung um so stärker sein, je geringer die Wölbung der Saugseite ist.

Die Art der Wölbungskurve auf der Druckseite ist von untergeordneter Bedeutung; am einfachsten macht man sie kreisförmig. Plötzliches starkes Einwölben der Druckseite in der Nähe der Eintrittskante, wie man es in der Praxis, wahrscheinlich aus hydrodynamischen Vorstellungen entstanden, findet, ist für die Schraubenwirkung ohne praktische Bedeutung. Wenn es auch nicht besonders nachteilig ist, so erschwert es doch die Herstellung.

Die Strömungsgeschwindigkeit ist nach den Grundgleichungen der Hydrodynamik auf der Saugseite bedeutend größer als auf der Druckseite. Unebenheiten und Vorsprünge (solche sind bei der Konstruktion von Metallschrauben schwer vermeidlich) sind deshalb auf die Druckseite zu legen.

### 3. Für die Eintrittskante.

Eine Abrundung der Eintrittskante hat sich nach eingehenden Versuchen[1]) übereinstimmend mit den mathematischen Strömungsuntersuchungen von Prof. Kutta als günstig erwiesen. Da der Übergang von ihr zu dem Punkt der größten Höhe zweckmäßig durch eine starke Krümmung geschieht, wird der Durchmesser der vorderen Abrundung kleiner oder höchstens gleich der Hälfte der größten Höhe gemacht.

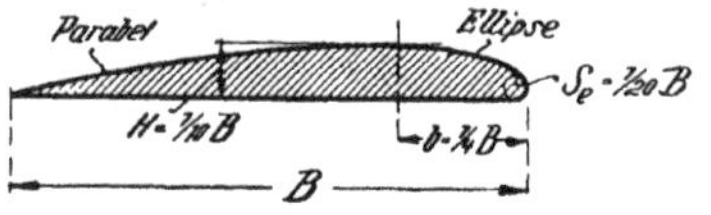


Fig. 194. Normalien für Flügelprofile.

Praktisch brauchbare und geometrisch einfach bestimmte Formen sind z. B. die Parabelform in Serie XV und Serie XIII, eine »kreiselliptische« Eintrittsform der Saugseite (Fig. 194). Wenn für letztere $b$ die Entfernung der Lage der größten Höhe vom vordersten Punkt des Profils und $S_e$ den Durchmesser der vorderen kreisförmigen Abrundung bedeutet, erhält man z. B. mit $H = {}^1/_{10}\, B$ und $b = {}^1/_4\, B$ ungefähr praktische Eintrittsformen.

[1]) Vgl. Anm. 2 auf S. 13 links.

Der Durchmesser der vorderen Abrundung wird:

$$S_e = 2 \cdot H + b \left( 1 \,(\overline{+})\, \sqrt{1 + 4\, \frac{H}{b}} \right);$$

mit obigen Annahmen ist $S_e = {}^1/_{20}\, B$. Der Punkt der größten Dicke wird mit der Austrittskante zweckmäßig durch eine Parabel verbunden.

### 4. Für die Austrittskante.

Eine kleine Abrundung der Austrittskante von ca. 2 bis 3 mm, wie sie eine Holzschraube gegen Aussplittern verlangt, verschlechtert die Schraubenwirkung nicht, wie eine Reihe von Versuchen[1]) gezeigt hat. Es ist deshalb unnötig, eine allzu scharfe Austrittskante anzustreben.

## 15. Einfluß der Flügelblattbreite bei ebenen Flügelelementen.

(Serie XVI u. XVII.)

Nachdem wir in den vorhergehenden Kapiteln die Bedeutung der wichtigsten Elemente des Profiles für die Kraftwirkung kennen gelernt haben, bleibt uns noch übrig, eine Gesetzmäßigkeit zwischen Breite und Zahl der Flügelblätter zu finden und die zweckmäßige Verteilung des erforderlichen Flächenareals auf Breite und Zahl der Blätter anzugeben. Es ist wohl von vornherein anzunehmen, daß das Anwachsen der Kräfte mit der Breite auch von der Profilform und das Anwachsen mit der Flügelzahl vor allem von der Breite der Flügelblätter abhängig sein wird. Deshalb wurden für die

[1]) Vgl. Anm. 1 auf S. 11 rechts.

Tabelle 15.

### Messungen mit 4 Flügelpaaren von verschiedenen Breitenverhältnissen $B/R$ (Serie XVI).

$R_i = 200$ mm; $R_a = 1500$ mm.

| Anstellwinkel $\alpha_s^0$ | Flügelpaar 1. $B/R = 0{,}13$. Charakteristik für Schubkraft gemessen $\mathfrak{p}$ | Drehmoment gemessen $\sqrt{\mathfrak{m}}$ | Drehmoment gemessen $\mathfrak{m}$ | interpoliert $\mathfrak{p}$ | interpoliert $\mathfrak{m}$ | Flügelpaar 2. $B/R = 0{,}19$.[1]) Charakteristik für Schubkraft gemessen $\mathfrak{p}$ | Drehmoment gemessen $\sqrt{\mathfrak{m}}$ | Drehmoment gemessen $\mathfrak{m}$ | interpoliert $\mathfrak{p}$ | interpoliert $\mathfrak{m}$ | Flügelpaar 4. $B/R = 0{,}37$. Charakteristik für Schubkraft gemessen $\mathfrak{p}$ | Drehmoment gemessen $\sqrt{\mathfrak{m}}$ | Drehmoment gemessen $\mathfrak{m}$ | interpoliert $\mathfrak{p}$ | interpoliert $\mathfrak{m}$ |
|---|---|---|---|---|---|---|---|---|---|---|---|---|---|---|---|
| —8 | —0,005 | 0,172 | 0,030 | — | — | ± 0 | 0,203 | 0,041 | — | — | —0,011 | 0,265 | 0,070 | — | — |
| —4 | +0,026 | 0,169 | 0,029 | — | — | 0,042 | 0,199 | 0,040 | — | — | +0,011 | 0,267 | 0,071 | — | — |
| | 0,109 | 0,140 | 0,020 | | | | | | | | | | | | |
| 0 | 0,107 | 0,155 | 0,024 | 0,115 | 0,023 | 0,148 | 0,192 | 0,037 | 0,150 | 0,038 | 0,104 | 0,262 | 0,068 | 0,100 | 0,069 |
| | 0,116 | | | | | | | | | | | | | | |
| | 0,206 | 0,151 | 0,023 | | | | | | | | | | | | |
| 3 | 0,208 | 0,161 | 0,026 | 0,210 | 0,026 | 0,281 | 0,204 | 0,042 | 0,280 | 0,043 | 0,253 | 0,258 | 0,066 | 0,250 | 0,068 |
| | 0,211 | 0,174 | 0,030 | | | | | | | | | | | | |
| | 0,309 | 0,184 | 0,034 | | | | | | | | | | | | |
| 6 | 0,298 | 0,187 | 0,035 | 0,305 | 0,035 | 0,403 | 0,229 | 0,052 | 0,415 | 0,053 | 0,421 | 0,280 | 0,78 | 0,420 | 0,078 |
| | 0,310 | 0,198 | 0,039 | | | | | | | | | | | | |
| 9 | 0,403 | 0,211 | 0,044 | 0,400 | 0,048 | 0,545 | 0,260 | 0,068 | 0,545 | 0,069 | 0,607 | 0,320 | 0,102 | 0,610 | 0,102 |
| 12 | 0,495 | 0,254 | 0,065 | 0,495 | 0,065 | 0,678 | 0,312 | 0,097 | 0,678 | 0,095 | $11{,}25^0$ 0,766 | 0,363 | 0,132 | 0,800 | 0,140 |
| 16 | 0,610 | 0,308 | 0,095 | 0,605 | 0,094 | 0,834 | 0,374 | 0,140 | 0,835 | 0,137 | $15{,}5^0$ 1,034 | 0,450 | 0,202 | 1,070 | 0,207 |
| | 0,700 | 0,357 | 0,127 | | | | | | | | | | | | |
| 20 | 0,695 | 0,366 | 0,134 | 0,690 | 0,130 | 1,012 | 0,433 | 0,187 | 0,995 | 0,189 | $19{,}6^0$ 1,370 | 0,530 | 0,281 | 1,365 | 0,300 |
| | 0,688 | | | | | | | | | | | | | | |
| | 0,748 | 0,418 | 0,175 | | | | | | | | | | | | |
| 25 | 0,745 | 0,422 | 0,178 | 0,750 | 0,176 | 1,147 | 0,512 | 0,262 | 1,150 | 0,262 | $24{,}4^0$ 1,655 | 0,642 | 0,411 | 1,660 | 0,422 |
| 30 | 0,775 | 0,477 | 0,228 | 0,775 | 0,230 | 1,233 | 0,595 | 0,354 | 1,230 | 0,356 | $29{,}25^0$ 1,880 | 0,736 | 0,541 | 1,94 | 0,580 |
| 35 | 0,767 | 0,533 | 0,284 | — | — | 1,174 | 0,659 | 0,434 | — | — | $34{,}7^0$ 2,135 | 0,865 | 0,745 | — | — |
| 40 | 0,739 | 0,578 | 0,334 | — | — | 1,123 | 0,714 | 0,510 | — | — | $38{,}9^0$ 2,240 | 0,938 | 0,877 | — | — |

Tabelle 16. **Übersicht zu Serie XVI.**

| Flügel Nr. | Breite B in mm | $B/R$ | $C$ max | und zugehöriges $\zeta$ % | $\mathfrak{p}$ | $\alpha_s^0$ | $\zeta$ max % | und zugehöriges $C$ | $\mathfrak{p}$ | $\alpha_s^0$ | Winkelbereich ($\alpha_s^0$) mit $\zeta > 68$ % |
|---|---|---|---|---|---|---|---|---|---|---|---|
| 1 | 190 | 0,13 | *8,7* | 66,1 | 0,32 | 6,5 | *69,7* | 7,8 | 0,47 | 11,0 | 7,6 — 14,8 ≅ *7* |
| 2 | 280 | 0,19 | *8,0* | 70,3 | 0,46 | 7,0 | *74,4* | 7,6 | 0,60 | 10,5 | 6,3 — 20,7 ≅ *14* |
| 3 | 400 | 0,27 | *6,9* | 66,7 | 0,52 | 7,5 | *70,4* | 6,1 | 0,79 | 12,5 | 8,2 — 19,8 ≅ *12* |
| 4 | 550 | 0,37 | *6,0* | 61,0 | 0,53 | 8,0 | *70,2* | 5,0 | 1,16 | 17,0 | 12,2 — 24,0 ≅ *12* |

[1]) Flügelpaar 3 = Flügelpaar 1 aus Serie XV.

Breitenversuche zwei Profile gewählt, die an der wirksamsten Stelle, nämlich am vorderen Teil der Saugseite, stark verschieden sind. Es sind dies das Profil aus Serie XV (Fig. 196, siehe Fig. 163 und 164) und das geometrisch nicht genau festgelegte Profil (Fig. 195), das sich nach früheren Versuchen als günstig erwiesen hat. Die Breite des Flügelblattes ist über den ganzen Radius konstant und beträgt bei beiden Serien

$B = 190 \quad 280 \quad 400 \quad 550$ mm (Geom. Reihe), woraus sich ergibt:

$B/R = 0{,}127 \quad 0{,}187 \quad 0{,}267 \quad 0{,}367.$

Profil und Anstellwinkel sind ebenfalls über den ganzen Radius gleich. Die innere und äußere Begrenzung ist: $R_i$ =

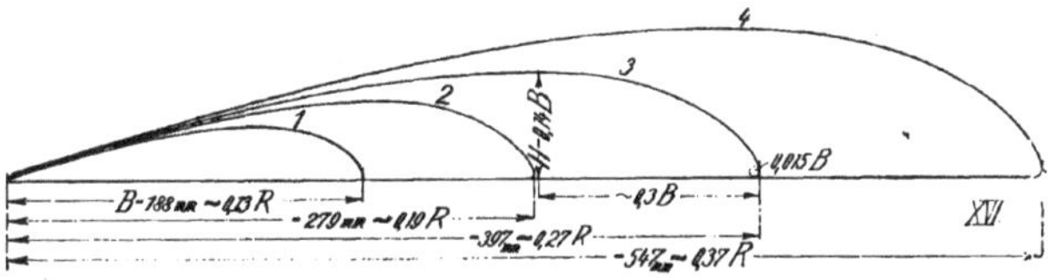

Fig. 195. Profilformen zu Serie XVI.

200 mm und $R_a$ = 1500 mm. Die Querschnitte sind geometrisch ähnlich. Die Darstellungsweise ist die übliche. Als zweite Variable erscheint hier neben $\alpha_s$ die Flügel-

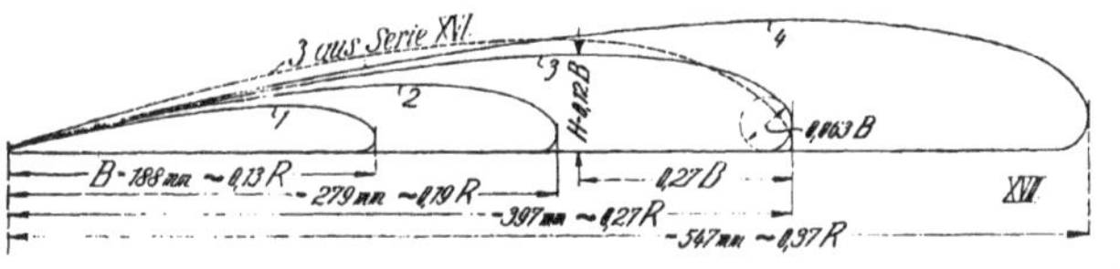

Fig. 196. Profilformen zu Serie XVII.

breite $B$ in mm oder das Breitenverhältnis $B/R = \beta$. Die Fig. 207 und 212 zeigen, daß die Schubkraft im allgemeinen mit zunehmender Flügelbreite, in einem allmählich abnehmenden Verhältnis, annähernd proportional mit $\lg B$ bzw. $\lg \beta$ wächst, also nicht proportional mit der Breite selbst, wie man in der Theorie meistens findet. Die Größe der Kräftezunahme ist sehr vom Anstellwinkel abhängig.

Es ist

$$\mathfrak{p} = k \cdot \alpha_s^{3/2} \cdot \lg \beta.$$

Das Dreiparabelprofil (Serie XVI) zeigt die auffallende Erscheinung, daß die Schubkraft bei kleinem Anstellwinkel (von 0° bis ca. 8°) bei einer bestimmten Breite ihr Maximum erreicht und mit weiter zunehmender Breite sogar abnimmt. Für $\alpha_s = 0^0$ wird das Maximum von $\mathfrak{p}$ schon bei $\beta = 0{,}19$ erreicht, mit größer werdendem Anstellwinkel dagegen erst bei größerem $\beta$. Selbst bei $\alpha_s = 9^0$ ist bei beiden Serien das Maximum der Schubkraft mit $\beta = 0{,}37$ erreicht. Umgekehrt wächst bei größeren Anstellwinkeln, wie sie praktisch höchstens bei Querschnitten in der Nähe der Schraubenmitte in Frage kommen (z. B. Serie XVI bei $\alpha_s > 20^0$, Serie XVII erst bei $\alpha_s > 30^0$), die Schubkraft stärker als proportional der Flügelbreite.

Das Drehmoment nimmt durchweg mit der Flügelbreite zu, ebenfalls proportional mit $\lg \beta$. Das Anwachsen ist noch stärker vom Anstellwinkel abhängig. Es ist

$$\mathfrak{m} = k' \cdot \alpha_s^{(2,1 - 2,4)} \cdot \lg \beta,$$

während die Schubkraft mit zunehmender Breite proportional mit $\alpha_s^{3/2}$ anwuchs.

Tabelle 17.

## Messungen mit 4 Flügelpaaren von verschiedenen Breitenverhältnissen B/R (Serie XVII).

$R_i$ = 200 mm; $R_a$ = 1500 mm;

**Flügelpaar 1. $B/R$ = 0,13.**

| Anstellwinkel $\alpha_s^0$ | Schubkraft gemessen $\mathfrak{p}$ | Drehmoment gemessen $\sqrt{\mathfrak{m}}$ | $\mathfrak{m}$ | interpoliert $\mathfrak{p}$ | interpoliert $\mathfrak{m}$ |
|---|---|---|---|---|---|
| — 8 | — 0,03 | 0,119 | 0,014 | — | — |
| — 4 | + 0,007 | 0,113 | 0,013 | — | — |
| 0 | 0,115 | 0,116 | 0,013 | 0,110 | 0,014 |
| 3 | 0,203 | 0,149 | 0,022 | 0,205 | 0,022 |
| 6 | 0,303 | 0,185 | 0,034 | 0,305 | 0,034 |
| 9 | 0,408 | 0,222 | 0,050 | 0,405 | 0,048 |
| 12 | 0,508 | 0,261 | 0,068 | 0,505 | 0,064 |
| 16 | 0,623 | 0,307 | 0,094 | 0,620 | 0,095 |
| 20 | 0,682 | 0,362 | 0,131 | 0,695 | 0,129 |
| 25 | 0,743 | 0,424 | 0,179 | 0,737 | 0,181 |
| 30 | 0,773 | 0,486 | 0,237 | 0,735 | 0,235 |
| 35 | 0,715 | 0,536 | 0,288 | — | — |
| 40 | 0,700 | 0,586 | 0,344 | — | — |

**Flügelpaar 3. $B/R$ = 0,27.**

| Anstellwinkel $\alpha_s^0$ | Schubkraft gemessen $\mathfrak{p}$ | Drehmoment gemessen $\sqrt{\mathfrak{m}}$ | $\mathfrak{m}$ | interpoliert $\mathfrak{p}$ | interpoliert $\mathfrak{m}$ |
|---|---|---|---|---|---|
| — 8 | — 0,031 | 0,163 | 0,027 | — | — |
| — 4 | + 0,010 | 0,140 | 0,020 | — | — |
| 0 | 0,115 | 0,157 | 0,025 | 0,110 | 0,024 |
| 3 | 0,244 | 0,181 | 0,327 | 0,235 | 0,034 |
| 6 | 0,382 | 0,228 | 0,052 | 0,380 | 0,053 |
| 9 | 0,537 | 0,271 | 0,074 | 0,535 | 0,077 |
| 12 | 0,687 | 0,324 | 0,105 | 0,685 | 0,109 |
| 16 | 0,900 | 0,398 | 0,158 | 0,900 | 0,160 |
| 20 | 1,095 | 0,467 | 0,218 | 1,110 | 0,223 |
| 25 | 1,390 | 0,571 | 0,326 | 1,378 | 0,325 |
| 30 | 1,570 | 0,654 | 0,429 | 1,570 | 0,438 |
| 35 | 1,670 | 0,760 | 0,578 | — | — |
| 40 | 1,640 | 0,845 | 0,714 | — | — |

**Flügelpaar 2. $B/R$ = 0,19.**

| Anstellwinkel $\alpha_s^0$ | Schubkraft gemessen $\mathfrak{p}$ | Drehmoment gemessen $\sqrt{\mathfrak{m}}$ | $\mathfrak{m}$ | interpoliert $\mathfrak{p}$ | interpoliert $\mathfrak{m}$ |
|---|---|---|---|---|---|
| — 8 | — 0,041 | 0,138 | 0,019 | — | — |
| — 4 | 0,000 | 0,120 | 0,014 | — | — |
| 0 | + 0,094 | 0,132 | 0,017 | 0,090 | 0,018 |
| 3 | 0,200 | 0,153 | 0,024 | 0,200 | 0,026 |
| 6 | 0,333 | 0,199 | 0,040 | 0,325 | 0,040 |
| 9 | 0,466 | 0,244 | 0,060 | 0,460 | 0,060 |
| 12 | 0,576 | 0,292 | 0,085 | 0,595 | 0,085 |
| 16 | 0,774 | 0,353 | 0,124 | 0,775 | 0,126 |
| 20 | 0,944 | 0,422 | 0,178 | 0,945 | 0,178 |
| 25 | 1,073 | 0,508 | 0,260 | 1,075 | 0,260 |
| 30 | 1,103 | 0,595 | 0,360 | 1,105 | 0,348 |
| 35 | 1,067 | 0,654 | 0,427 | — | — |
| 40 | 1,035 | 0,705 | 0,491 | — | — |

**Flügelpaar 4. $B/R$ = 0,37.**

| Anstellwinkel $\alpha_s^0$ | | Schubkraft gemessen $\mathfrak{p}$ | Drehmoment gemessen $\sqrt{\mathfrak{m}}$ | $\mathfrak{m}$ | interpoliert $\mathfrak{p}$ | interpoliert $\mathfrak{m}$ |
|---|---|---|---|---|---|---|
| — 8 | — 7,2° | — 0,007 | 0,160 | 0,026 | — | — |
| — 4 | — 3,7° | + 0,029 | 0,170 | 0,029 | — | — |
| 0 | 0° | 0,110 | 0,175 | 0,031 | 0,100 | 0,030 |
| 3 | 3° | 0,212 | 0,201 | 0,040 | 0,230 | 0,040 |
| 6 | 5,25° | 0,349 | 0,235 | 0,055 | 0,385 | 0,060 |
| 9 | 7,6° | 0,485 | 0,285 | 0,082 | 0,550 | 0,089 |
| 12 | 11,45° | 0,705 | 0,351 | 0,123 | 0,742 | 0,128 |
| 16 | 13,50° | 0,850 | 0,393 | 0,154 | 1,005 | 0,196 |
| 20 | 17,7° | 1,138 | 0,647 | 0,234 | 1,260 | 0,283 |
| 25 | 23,95° | 1,500 | 0,625 | 0,391 | 1,560 | 0,417 |
| 30 | 26,8° | 1,820 | 0,745 | 0,557 | 1,832 | 0,577 |
| 35 | 34,0° | 1,965 | 0,840 | 0,690 | — | — |
| 40 | 39,65° | 2,135 | 0,958 | 0,921 | — | — |

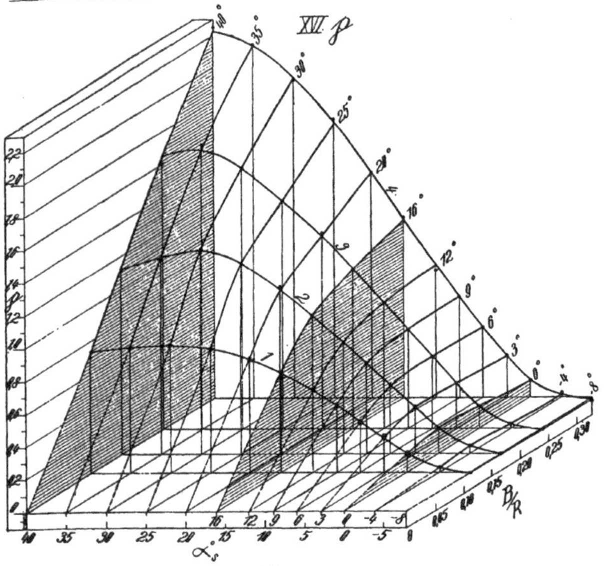

Fig. 197.

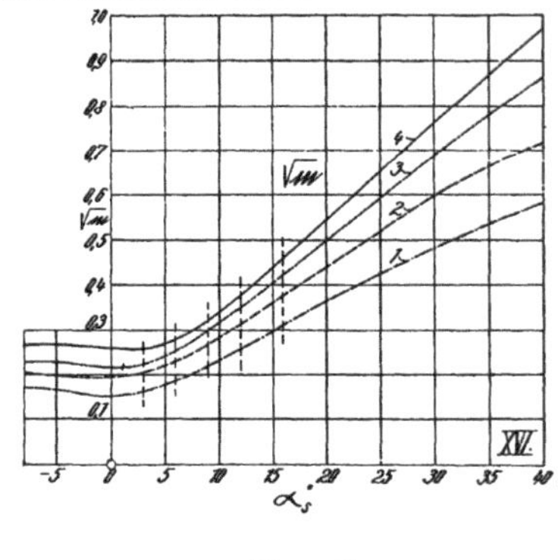

Fig. 198.

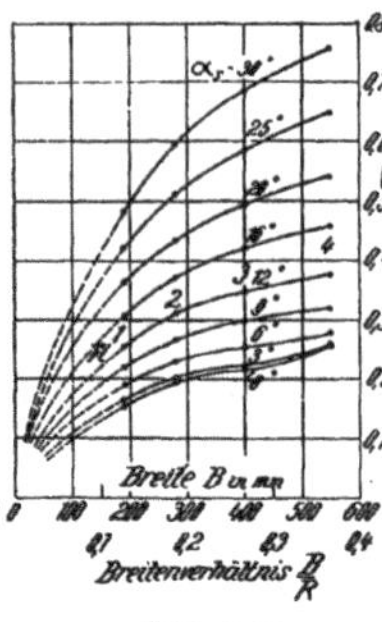

Fig. 199.

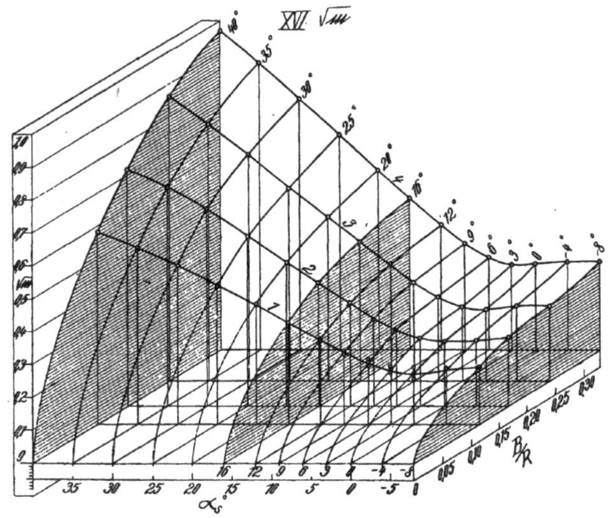

Fig. 200.

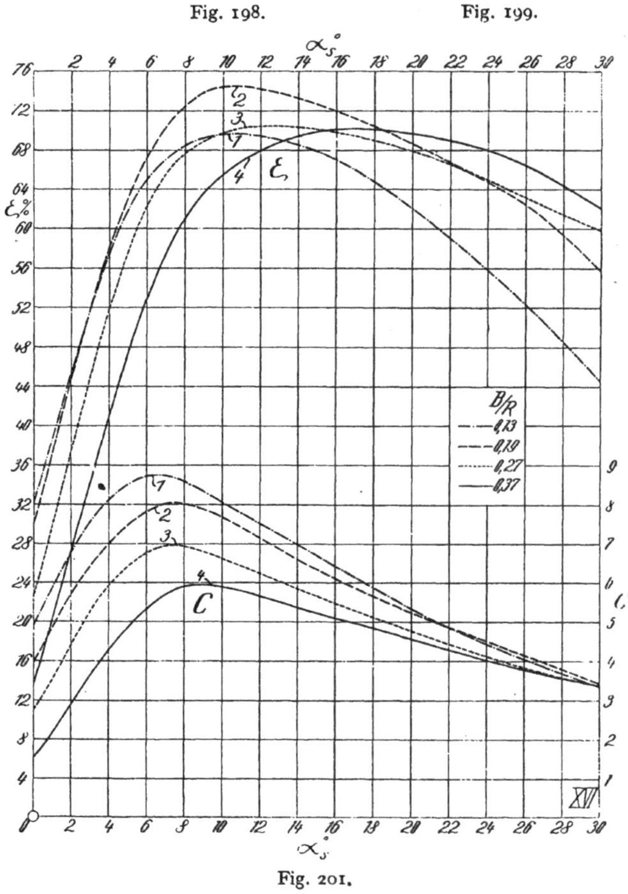

Fig. 201.

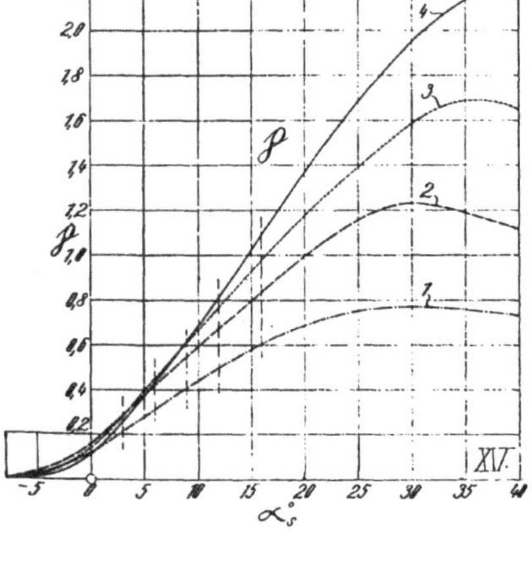

Fig. 202.

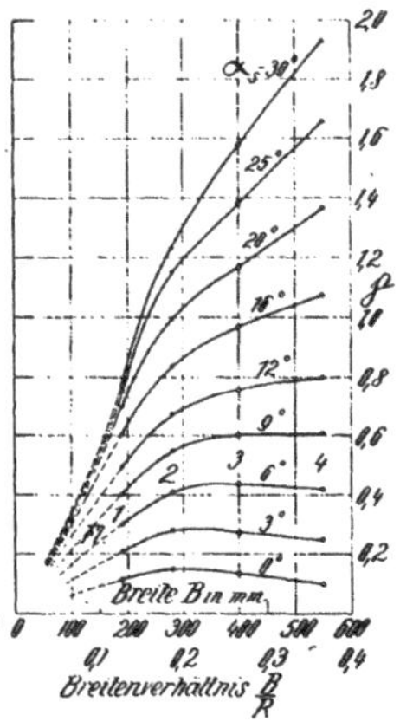

Fig. 203.

**Versuchskurven und Vergleichsgrößen zu Serie XVI.**

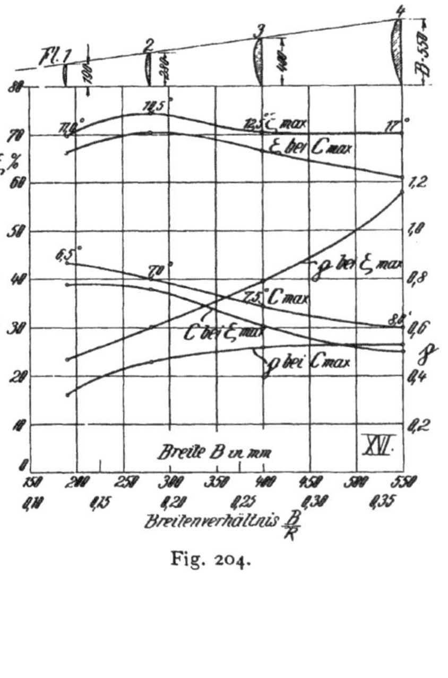

Fig. 204.

Tabelle 18.

## Übersicht zu Serie XVII.

| Flügel Nr. | Breite mm | $B/R$ | $C_{max}$ | und zugehöriges | | | $\zeta$ max | und zugehöriges | | | Winkelbereich ($\alpha_s^0$) mit $\zeta > 68{,}0\,\%$ |
|---|---|---|---|---|---|---|---|---|---|---|---|
| | | | | $\zeta\,\%$ | $\mathfrak{p}$ | $\alpha_s^0$ | % | $C$ | $\mathfrak{p}$ | $\alpha_s^0$ | |
| 1 | 190 | 0,13 | 9,4 | 63,2 | 0,24 | 4,3 | 70,5 | 7,6 | 0,51 | 12,0 | 7,2 — 15,8 ≅ 9 |
| 2 | 280 | 0,19 | 8,2 | 60,7 | 0,28 | 5,0 | 70,5 | 6,5 | 0,70 | 14,5 | 8,5 — 19,8 ≅ 11 |
| 3 | 400 | 0,27 | 7,3 | 59,8 | 0,34 | 5,3 | 69,6 | 5,6 | 0,90 | 16,0 | 10,6 — 22,6 ≅ 12 |
| 4 | 550 | 0,37 | 6,4 | 58,7 | 0,42 | 6,5 | 68,0 | 5,1 | 1,02 | 16,0 | — |

Es bezeichne $\mathfrak{p}_{0,1}$ und $\mathfrak{m}_{0,1}$ die Schubkraft- bzw. Drehmomentscharakteristik bei $\beta = 0{,}1$ ($B = 150$ mm); dann ist für:

Serie XVI $\mathfrak{p}_{0,1} = 0{,}98 + 0{,}44 \cdot \sin 4\,\alpha_s$ gültig für = 0 bis 25°,
einfacher $= 0{,}98 + 0{,}27\,\alpha_s$ » » = 0 bis 15°
und $\mathfrak{m}_{0,1} = 0{,}115 + 0{,}0098\,\alpha_s^{1,4}$ » » = 0 bis 25°
Serie XVII $\mathfrak{p}_{0,1} = 0{,}82 + 0{,}44 \cdot \sin 3{,}5\,\alpha_s$ » » = 0 bis 25°,
einfacher $= 0{,}82 + 0{,}245\,\alpha_s$ » » = 0 bis 15°
und $\mathfrak{m}_{0,1} = 0{,}082 + 0{,}0106\,\alpha_s^{1,4}$ » » = 0 bis 25°.

Schubkraft und Drehmoment wachsen mit der Flügelbreite um $\Delta\mathfrak{p}$ bzw. $\Delta\mathfrak{m}$ an, dann ist für:

Serie XVI $\Delta\mathfrak{p} = 0{,}106\,\alpha_s^{3/2} \cdot \lg 10\,\beta$
und $\Delta\mathfrak{m} = (0{,}65 + 0{,}00172\,\alpha_s^{2,4}) \cdot \lg 10\,\beta$,

Serie XVII $\Delta\mathfrak{p} = 0{,}106\,\alpha_s^{3/2} \cdot \lg 10\,\beta = \Delta\mathfrak{p}$ für Serie XVI
und $\Delta\mathfrak{m} = (0{,}286 + 0{,}0045\,\alpha_s^{2,1}) \cdot \lg 10\,\beta$.

Die Formeln für den Kräftezuwachs gelten für

$\beta = 0{,}1$ bis $0{,}4$,
($B = 150$ bis 600 mm)
und $\alpha_s = 0$ bis 25°.

Bei beliebiger Breite innerhalb der angegebenen Grenzen ist dann

$$\mathfrak{p} = \mathfrak{p}_{0,1} + \Delta\mathfrak{p}$$
und
$$\mathfrak{m} = \mathfrak{m}_{0,1} + \Delta\mathfrak{m}.$$

Die beiden Glieder $\Delta\mathfrak{p}$ und $\Delta\mathfrak{m}$ sind für sich allein angegeben, um den Einfluß der Flügelbreite, auf den es hier in erster Linie ankommt, besser übersehen zu können.

Diese Formeln geben eine sehr gute Übereinstimmung mit den Versuchswerten, mit Ausnahme der $\Delta\mathfrak{p}$ in Serie XVI, wo die Schubkraft anfangs rascher zunimmt, als obigem Gesetz entspricht. Eine noch bessere Übereinstimmung ließe sich leicht erzielen durch zwei Formeln von der Form $\Delta\mathfrak{p} = k_1 \cdot \beta$ bzw. $k_2 \cdot \beta$ für die Breitenbereiche 0,1 bis 0,17 bzw. 0,17 bis 0,4 getrennt, wodurch jedoch die Übersicht erschwert würde.

Diese Formeln geben einen recht guten Einblick in den qualitativen Einfluß der Flügelbreite.

Die Tatsache, daß die Schubkraft eines Flügels annähernd proportional mit dem Anstellwinkel, anderseits aber nicht proportional mit der Flügelbreite anwächst, kann zu dem Schlusse verleiten, daß es, wenn man die Flügelzahl nicht vermehren will, vorteilhafter wäre, den Anstellwinkel zu vergrößern, als die Flügelbreite zu verbreitern. Das wäre aber ein Irrtum. Man soll vielmehr mit dem Anstellwinkel auch die Breite so vergrößern, daß der Flügel immer mit den günstigsten $\alpha_s$ arbeitet; denn dann wächst, wie Fig. 204, 216 zeigen, die Schubkraft annähernd linear mit dem Breitenverhältnis. Mit zunehmender Breite liegen nämlich im allgemeinen die Maxima von $C$ und $\zeta$ auch bei höheren Anstellwinkeln; das sieht man aus den Fig. 204, 212. Die zu $C_{max}$ und $\zeta_{max}$ gehörigen $\alpha_s$ sind beigeschrieben. Diese Erscheinung ist in der Hauptsache eine Folge des gewölbten Profils selbst. Sie kann zum kleinen Teil auch daher rühren, daß mit größerer Flügelbreite auch die Schubkraft zunimmt. Mit der letzteren vergrößert sich nämlich auch die Ansaugegeschwindigkeit, und infolgedessen wird bei gleichem Anstellwinkel der wirksame Angriffswinkel kleiner.

Diese Versuche zeigen, wie auch die bereits besprochenen Serien, daß man durch Vergleich von Schraubenformen ohne verstellbare Flügel leicht zu falschen Schlüssen kommt. Nur durch Variation des Anstellwinkels kann man ein klares Bild über die Wirkungsweise einer Schraube erhalten.

Beide Serien zeigen übereinstimmend, daß der Gütegrad der Flügelbreite sehr weite Grenzen setzt. Im ganzen Breitenbereich $\beta = 1/8$ bis $1/3$ ist das Maximum des Gütegrades nur um einige Prozent verschieden. Der Höchstwert liegt ungefähr bei $\beta = 1/5$ bis $1/6$, also bei Breitenverhältnissen, wie sie in der Praxis allgemein gebräuchlich sind. Die Kraftausnutzung nimmt mit zunehmendem Breitenverhältnis ab, die Flächenausnutzung dagegen dementsprechend zu, wie wir gesehen haben. In den meisten Fällen wird es nicht möglich sein, mit der größtmöglichen Kraftausnutzung zu arbeiten. Zwei schmale Flügel werden bei kleiner Steigung dem Optimum von $C$ entsprechend in der Regel nicht die erforderliche Schubkraft liefern. Es ist darum Breite und Anstellwinkel gleichzeitig so zu vergrößern, daß man bei günstigster Kraftausnutzung die erforderliche Schubkraft erzielt. Die Eigenschaft, daß mit zunehmendem Breitenverhältnis die günstigste Wirkung nur bei größerer Schrägstellung des Profils erreicht werden kann, weist darauf hin, daß ein Flügel mit über den ganzen Radius konstanter Breite und konstantem Anstellwinkel nicht der günstigste sein kann, wie Drzewiecki in seiner Theorie findet. Es muß vielmehr ein Profil auf kleinerem Radius, also größerem $B/r$, auch eine größere Schrägstellung erhalten, ganz abgesehen davon, daß nach der Wellenmitte hin das Verhältnis von Ansaugegeschwindigkeit[1]) zu Umfangsgeschwindigkeit ebenfalls größer und mithin der wirksame Angriffswinkel beim konstanten Anstellwinkel kleiner wird. Das zeigt auch deutlich ein Vergleich mit einer Schraube mit genau dem gleichen Profil wie hier (Flügelpaar 3 in Serie XVI), jedoch mit schraubenförmiger Verwindung, also mit nach innen stark zunehmenden Anstellwinkeln[2]). Es war auf den Radien:

| | | | | | | | | | | |
|---|---|---|---|---|---|---|---|---|---|---|
| $r$ = | 200 | 360 | 520 | 680 | 840 | 1000 | 1160 | 1320 | 1480 | mm. |
| $\alpha_s$ = | 60,9 | 43,2 | 31,4 | 23,6 | 18,2 | 14,3 | 11,5 | 9,2 | 7,4 | Grad. |

Das schraubenförmig verwundene Flügelblatt liefert einen um rund 10% höheren Gütegrad als das Flügelblatt mit genau demselben Profil, bei dem jedoch $\alpha_s$ über den ganzen Radius konstant ist. Wahrscheinlich wäre der Unterschied noch größer, wenn die Steigung nach innen zu nicht allzu groß wäre; sie beträgt nämlich mehr als das Doppelte der äußeren. Riabouchinsky[3]) hat den Einfluß der Flügelbreite an einer zweiflügeligen Schraube von 2 m Durchmesser untersucht. Die Flügelfläche wird durch zwei Radien, die den Winkel $\gamma$ einschließen, und einen Kreisbogen mit dem Radius $R$ umgrenzt (kreissektorförmiger Umriß). Das Profil ist rechteckig. Die Dicke $= 0{,}023\,R$ und die Steigung $= 0{,}75\,D$ sind über den ganzen Radius konstant. Der Zentriwinkel $\gamma$ wurde stufenweise

[1]) Nach den Schraubenstrahlmessungen (Fig. 240) ist die Ansaugegeschwindigkeit von der Schraubenmitte bis ungefähr $1/4\,R$ von den Flügelenden entfernt über den ganzen Radius annähernd konstant. Das Verhältnis von Ansaugegeschwindigkeit zu Umfangsgeschwindigkeit ist also ungefähr umgekehrt proportional dem Radius.

[2]) Luftschrauben-Untersuchungen Heft II, 1912, S. 24; Z. f. Fl. u. M. 1912, S. 208.

[3]) Bulletin de l'Institut Aérodynamique de Koutchino, Fasc. II.

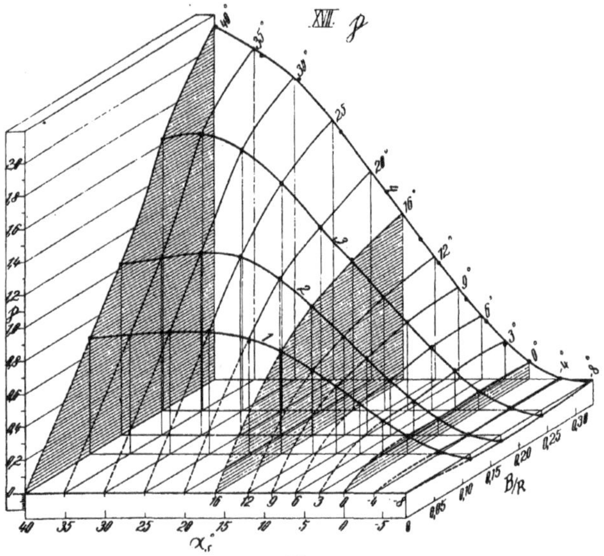


Fig. 205.

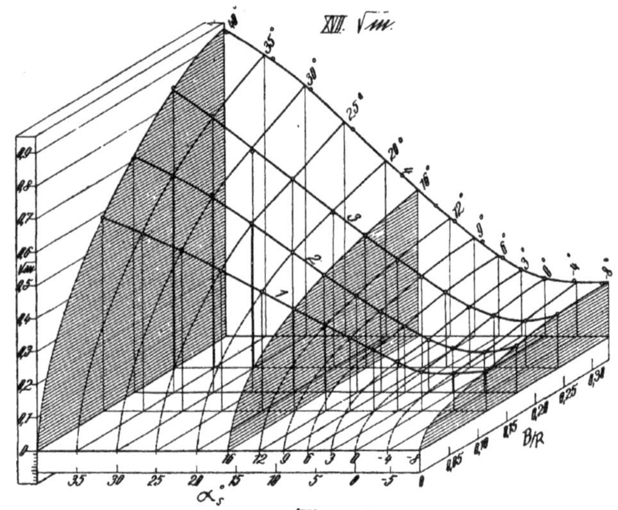


Fig. 206.

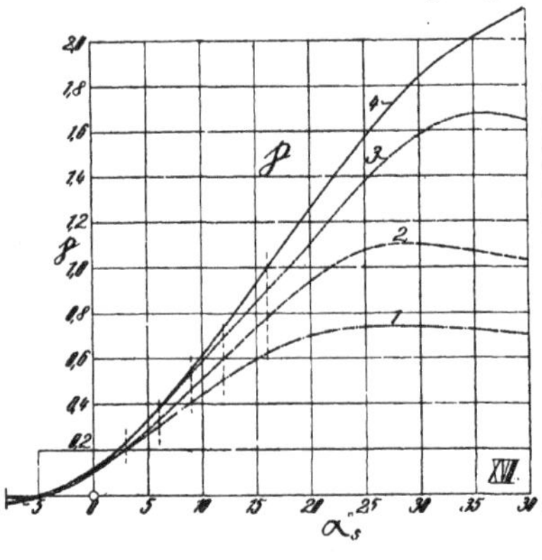


Fig. 207.

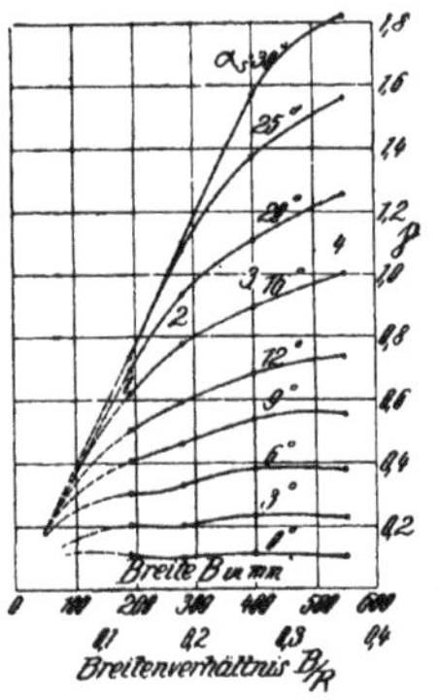


Fig. 208.

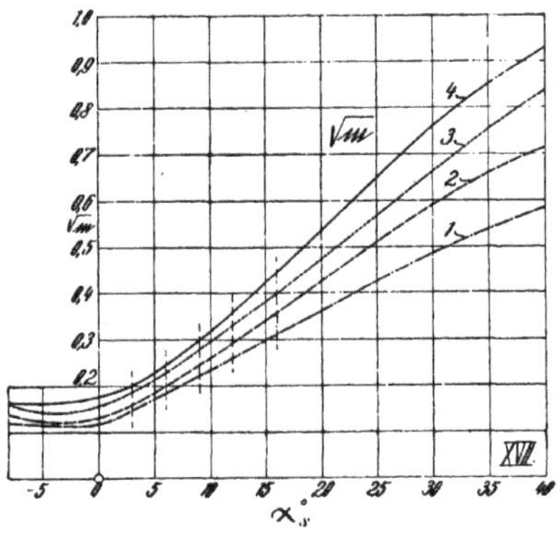


Fig. 209.

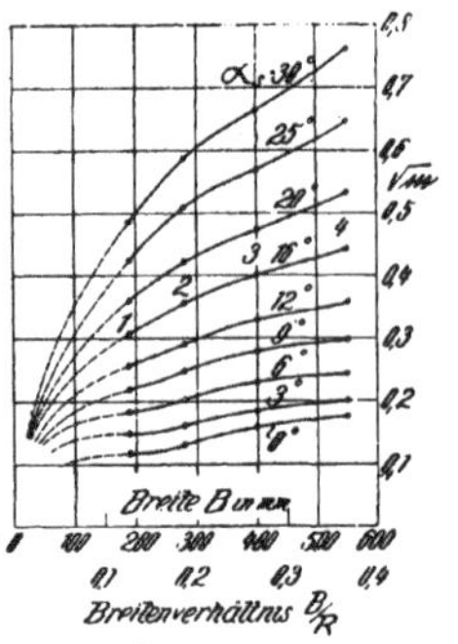


Fig. 210.

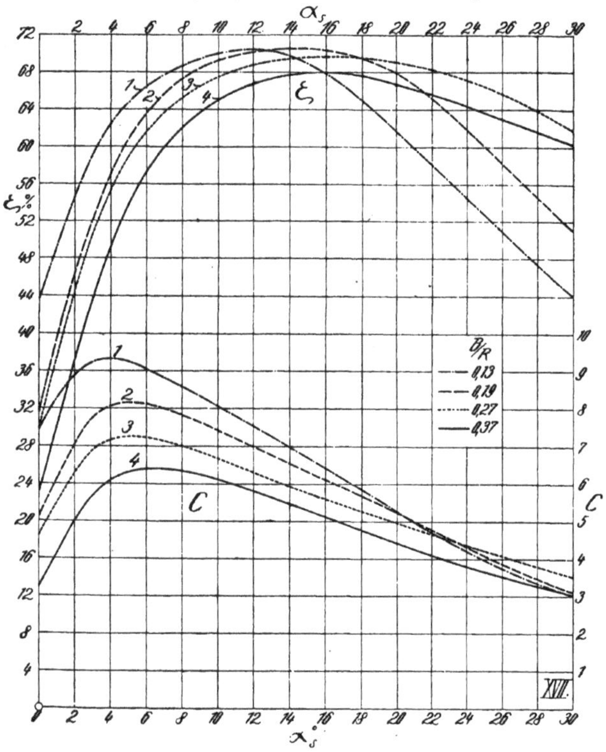


Fig. 211.

## Versuchskurven und Vergleichsgrößen zu Serie XVII.

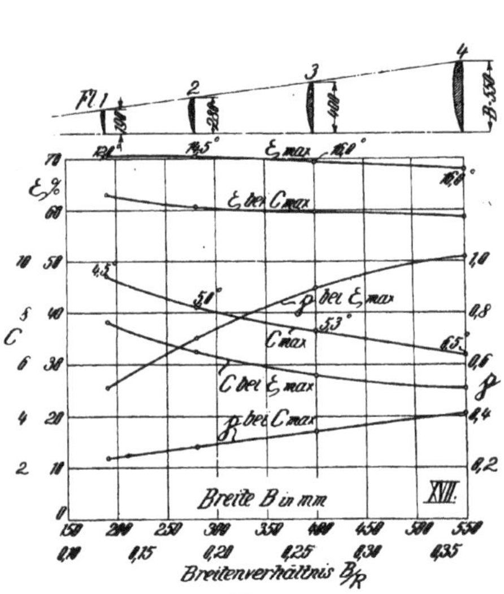


Fig. 212.

zwischen 10⁰ bis 150⁰ geändert. Die aus diesen Versuchen gebildeten $\mathfrak{p}$ und $\mathfrak{m}$-Werte nehmen mit zunehmender Breite, übereinstimmend mit unseren Versuchen, proportional dem Log. der Breite zu. Es ist

$$\Delta \mathfrak{p} = 3{,}7 + 10{,}2 \cdot \lg \frac{\gamma}{10} \text{ und}$$

$$\Delta \mathfrak{m} = 0{,}817 \left(0{,}2 + 0{,}4 \cdot \lg \frac{\gamma}{10}\right) \text{ gültig für } \gamma = 10^0 \text{ bis } 150^0.$$

Kraftausnutzung und Gütegrad steigen dagegen mit zunehmender Flügelbreite bis zu der höchst untersuchten Breite ($\gamma = 150^0$, also abgewickelte Flügelfläche = $^3/_4$ der Schraubenkreisfläche). Der Hauptgrund ist wohl darin zu suchen, daß der sehr ungünstige Kanteneinfluß des Rechteckprofils mit zunehmender Breite weniger ins Gewicht fällt. Gütegrad und Kraftausnutzung bewegen sich in außerordentlich geringen Grenzen ($\zeta$ = 35 bis 55 %, $C$ = 2 bis 3). Die geometrische Schraubenform auch auf der Saugseite mit eckigen Kanten ist ebenso ungünstig, daß man nichts daraus schließen kann. Bei praktischen Querschnitten ist eine solche Kraftwirkung unmöglich.

Maurain[1]) hat im Techn.-Phys. Laboratorium in Paris zwei Serien Schraubenmodelle von 600 mm Durchmesser und verschiedener Breite untersucht. Die eine Serie gibt mit unseren Versuchen gut übereinstimmende Resultate ($\mathfrak{p}$ und $\mathfrak{m}$ ungefähr proportional mit lg $\beta$ zunehmend, $C$ abnehmend, $\zeta$ von der Breite wenig beeinflußt). Nach diesen Versuchen ist die günstigste Breite $B$ = 0,28 $R$ bis 0,4 $R$. Nach Dorand[2]) ist die günstigste Breite auch bei Fahrtschrauben = $^1/_5$ $R$; Drzewiecki[3]) rechnet mit einer Flügelbreite $B$ = $^1/_6$ $R$.

Hinsichtlich des Umrisses des Flügelblattes findet man in den Theorien die verschiedensten Angaben. Drzewiecki rechnet mit einer über den ganzen Radius konstanten Flügelbreite. Lanchester nimmt nach außen hin spitz zulaufende Flügelblätter an. Finsterwalder-Kimmel[4]) finden nach eingehenden theoretischen Untersuchungen des Schraubenstrahls ein sektorförmiges Flügelblatt diesem am besten angepaßt. Die äußeren Ecken und Kanten werden nach ihnen, um keine Wirbel zu verursachen, abgerundet. Reißner[5]) setzt in seiner Theorie die Flügelbreite proportional dem Kosinus des Winkels, dessen Tangente gleich dem Verhältnis von Fahrtgeschwindigkeit zu Umfangsgeschwindigkeit ist. Da dieses Verhältnis mit zunehmendem Radius ab-, der Kosinus also zunimmt, wächst die Breite des Flügelblattes nach außen hin etwas. Nach unserer Theorie ist dasjenige Flügelblatt als das günstigste anzusprechen, das bei günstigstem Anstellwinkel hinter der Schraube einen Luftstrom erzeugt, dessen Geschwindigkeit über den ganzen Radius möglichst gleich groß ist. Es wächst nämlich, wie wir bei der Festsetzung der Vergleichswerte gesehen haben, die Schubkraft mit $\Sigma v$, die aufzuwendende Arbeit dagegen mit $\Sigma v^2$, wenn $v$ die Geschwindigkeit des Schraubenstrahles in den einzelnen Elementen des Schraubenstrahlquerschnitts bedeutet. Bei einem bestimmten $\Sigma v^2$ ist aber $\Sigma v$ dann am größten, wenn sämtliche $v$ gleich sind.

Eine einwandfrei günstige Umrißform kann nur durch systematische Versuche mit gleichzeitigen Messungen des Schraubenstrahles ermittelt werden.

Ebenso verschieden wie die Angaben in der Theorie sind die Ausführungen in der Praxis.

Wir haben in dieser Hinsicht erst zwei vergleichbare Versuche mit zweiflügeligen Schrauben durchgeführt, nämlich erstens mit einer Schraube Finsterwalder-Kimmelscher Konstruktion mit sektorförmigem Umriß ($B/r$ = konst. = 0,4) und zweitens mit einer Schraube mit über den ganzen Radius konstanter Blattbreite $B$ = konst. (Unter Breite ist bei uns immer die Länge des Flügelquerschnitts, in der Sehnenrichtung der Druckseite gemessen, zu verstehen.) Konstruktion und Versuchsergebnisse sind in dem Bericht der Geschäftsstelle für Flugtechnik 1911/1912, S. 24, veröffentlicht. Das Maximum von $\zeta$ war für beide Schrauben ungefähr gleich groß (= 79%), während die Gütegradskurve bei der Schraube mit konstanter Breite langsamer fällt.

Ein Vergleich ist natürlich streng genommen nicht ganz richtig, da die beiden Schrauben verschiedene Steigungen und verschiedene Querschnitte haben. Es ist jedoch auffallend, daß die Schraube mit dem nach der Mitte hin übertrieben großen Breitenverhältnis und der ungünstigen äußeren Begrenzung mit den scharfen, Wirbel verursachenden Ecken denselben, teilweise sogar höheren Gütegrad erreicht als die Schraube mit konstantem $B/r$ und sorgfältigen Abrundungen an den Flügelspitzen. Eine wenn auch nur teilweise Erklärung (die Ansaugegeschwindigkeit ist nicht zu vernachlässigen) geben die $C$- und $\zeta$-Kurven der Breitenserien (Fig. 201, 211). Nach diesen sind die $\zeta$-Kurven ziemlich ähnlich. Sie fallen mit einer entsprechenden Verschiebung in der Richtung der Abszissenachse annähernd zusammen. Eine bestimmte Größe von $\zeta$ liegt bei größerem Breitenverhältnis auch bei größerem Anstellwinkel. Nun haben wir innen größere Anstellwinkel, deshalb müssen dort größere Breitenverhältnisse gewählt werden als außen.

Weitere Versuche in dieser Richtung sind geeignet, den Gütegrad der Schraube zu steigern.

Mit den beiden Serien XVI und XVII kann der Einfluß der Flügelbreite natürlich nicht absolut sicher geklärt sein. Durch weitere Versuche erfahren vielleicht die angegebenen Formeln einige Berichtigungen. Vor allem müssen die Versuche durch eine Reihe mit dünnem Profil und gleichzeitiger Wölbung der Druckseite ergänzt werden. (Bei Anwendung eines großen Breitenverhältnisses kommt, wenigstens bei massiven Holzflügeln, wegen des Gewichtes nur ein solches Profil in Betracht.) Es ist anzunehmen, daß die günstigste Flügelbreite um so früher erreicht wird, je größer bei einem bestimmten Profil Schubkraft und Drehmoment pro Einheit der Breite sind.

## 16. Einfluß der Flügelzahl (1—4 Flügel) bei ebenen Flügelelementen.

(Serie XVIII u. XIX, Fig. 213—228.)

Die Versuche über den Einfluß der Flügelbreite haben gezeigt, daß man ohne wesentliche Verschlechterung des Gütegrades mit einer Zweiflügelschraube das Gesamtbreitenverhältnis (z. $B/R$) auf ungefähr 0,5 steigern kann. Dieses würde für sämtliche praktisch vorkommenden Fälle genügen, wenn nicht Herstellungs- und Festigkeitsrücksichten (wenigstens bei Holzschrauben) der Flügelbreite eine Grenze setzten. Die letzteren Rücksichten werden für die Holzschraube kaum eine größere Flügelbreite als $^1/_4$ $R$ zulassen. Man wird, wenn diese Breiten bei vorgeschriebenem Durchmesser nicht die erforderliche Schubkraft liefern, daher die Flügelzahl vermehren.

Der Einfluß der Flügelzahl auf die Kräftewirkung soll nun im folgenden untersucht werden. Da anzunehmen war, daß dieser vor allem von der Flügelblattbreite abhängig sein wird, wurden zwei Flügel mit geometrisch ähnlichen Profilen von verschiedener Breite untersucht: Für Serie XVIII Flügel 1 aus Serie XVII mit $\beta = {}^1/_8$ und für Serie XIX Flügel 2 aus Serie XVII mit $\beta = {}^1/_{5,3}$. Nach den vorhandenen anderweitigen Angaben war anzunehmen, daß mit Flügelzahl 4 die günstigsten Verhältnisse schon überschritten sind. Es ist

$$R_i = 200 \text{ mm}, \quad R_a = 1500 \text{ mm}.$$

Breite und Anstellwinkel sind über den ganzen Radius konstant. In Serie XVIII hatte sich einer der vier Flügel um ca. 3 mm verzogen, so daß die sonst ebene Druckseite konvex wurde. Die Versuchspunkte des Flügelpaares mit diesem Flügel sind in Fig. 217 und 218 mit einem ′ gekennzeichnet. Für die Auswertung wurde das Mittel aus beiden Flügelpaaren benutzt.

Mit dem breiteren Profil in Serie XIX wurden die Versuche der Vollständigkeit halber auch auf ein Flügelblatt ausgedehnt, das durch ein Gegengewicht ausbalanciert wurde. Das Drehmoment des letzteren war nach Versuch verschwindend gering. Diese Einflügelschraube ergibt verhältnismäßig hohe Kräfte, namentlich ein größeres Drehmoment, als dem Anwachsen bei 2, 3 und 4 Flügeln ent-

[1]) Technique Aéronautique 1913, H. 90 u. 91.
[2]) Technique Aéronautique 1913, H. 83.
[3]) Drzewiecki, Les Hélices Aériennes, Paris 1909.
[4]) Kimmel, Dissertation 1912.
[5]) Z. f. Fl. u. M. 1911, S. 292.

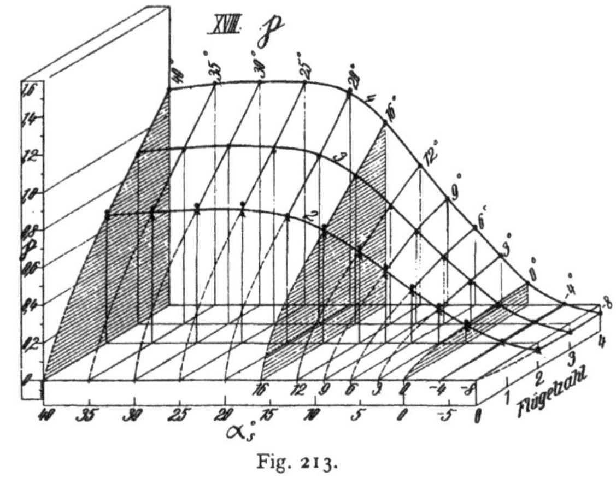


Fig. 213.

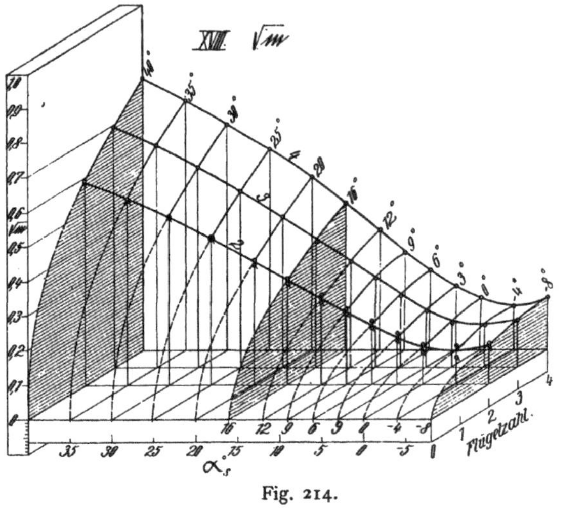


Fig. 214.

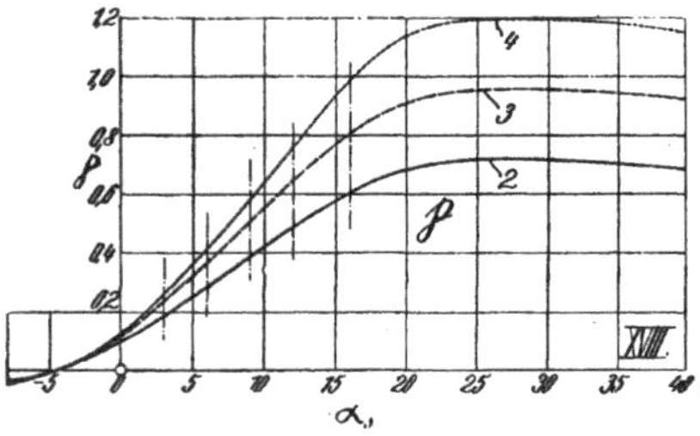

Fig. 215.

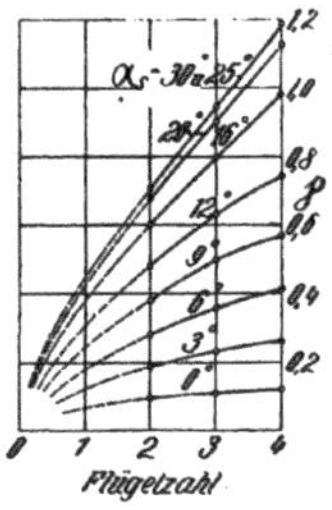


Fig. 216.

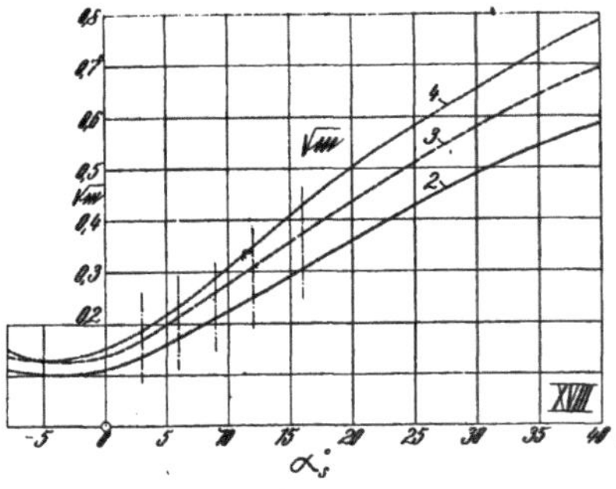

Fig. 217.

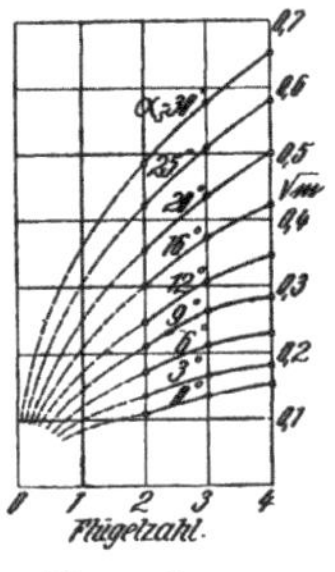


Fig. 218.

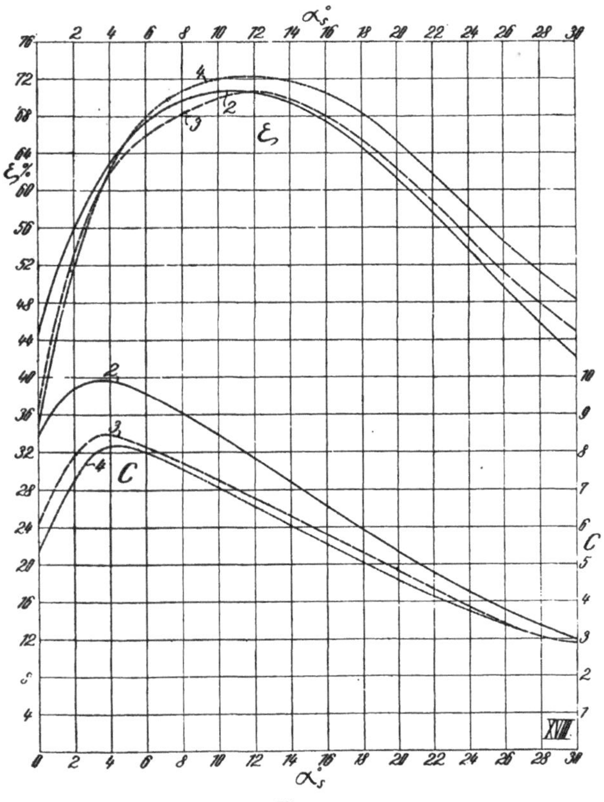

Fig. 219.

**Versuchskurven und Vergleichsgrößen zu Serie XVIII.**

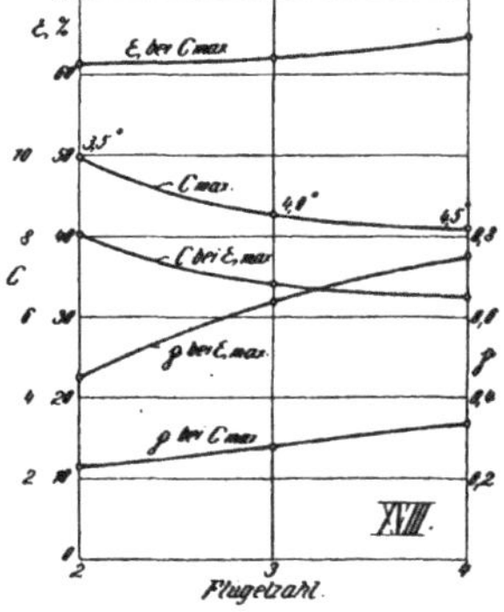


Fig. 220.

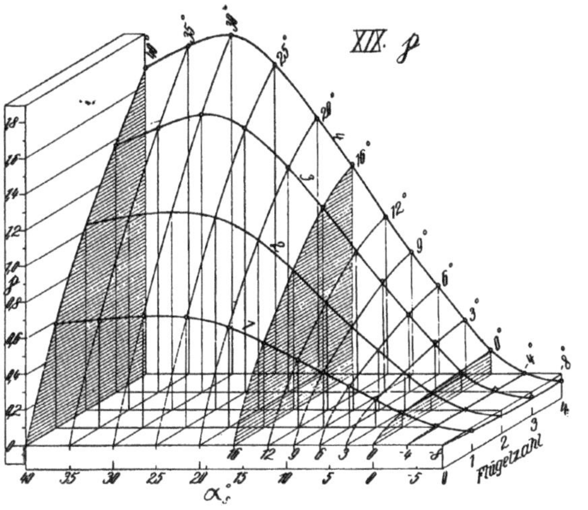

Fig. 221.

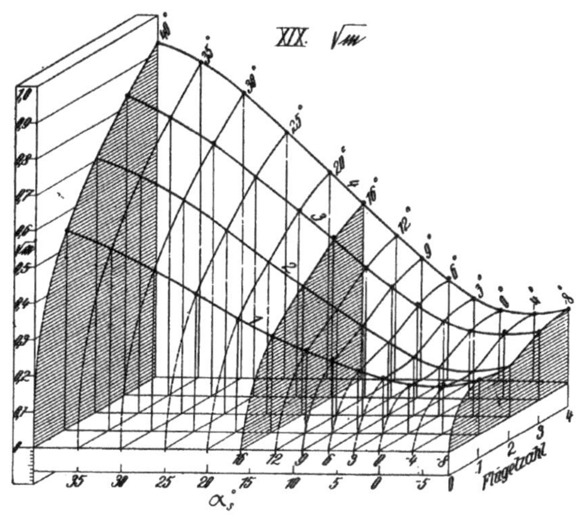

Fig. 222.

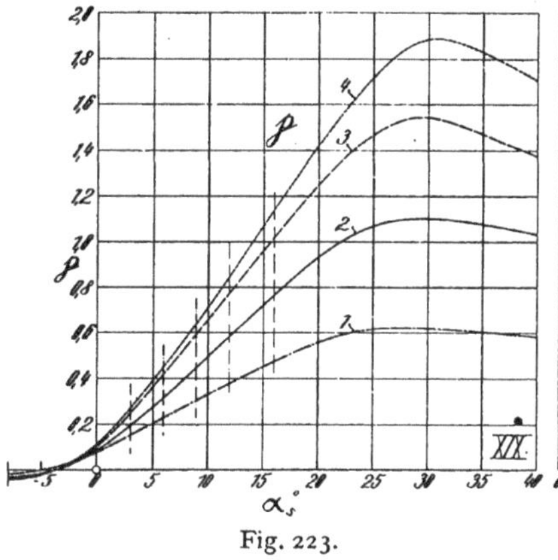

Fig. 223.

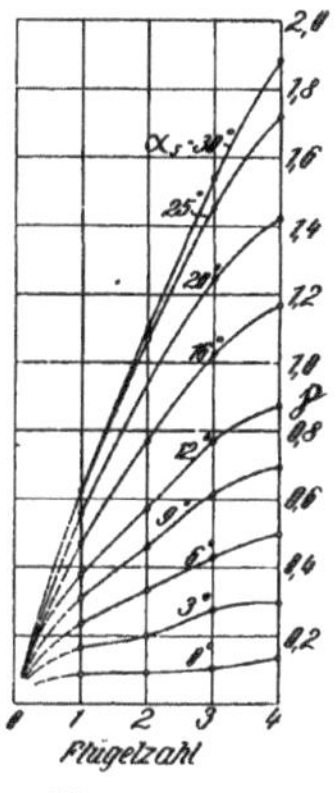

Fig. 224.

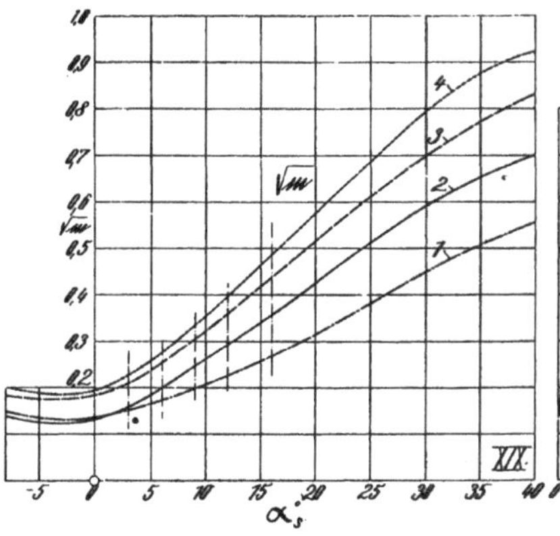

Fig. 225.

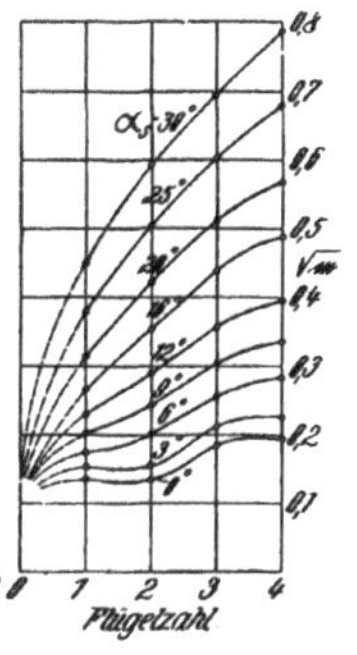

Fig. 226.

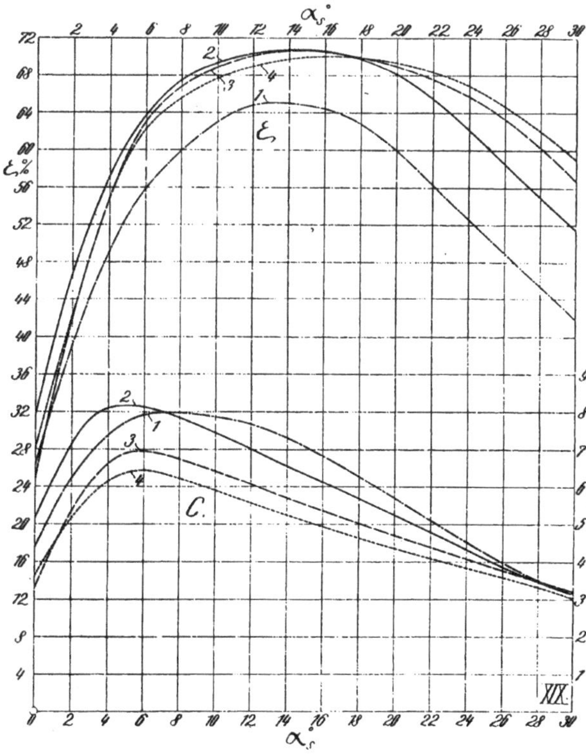

Fig. 227.

## Versuchskurven und Vergleichsgrößen zu Serie XIX.

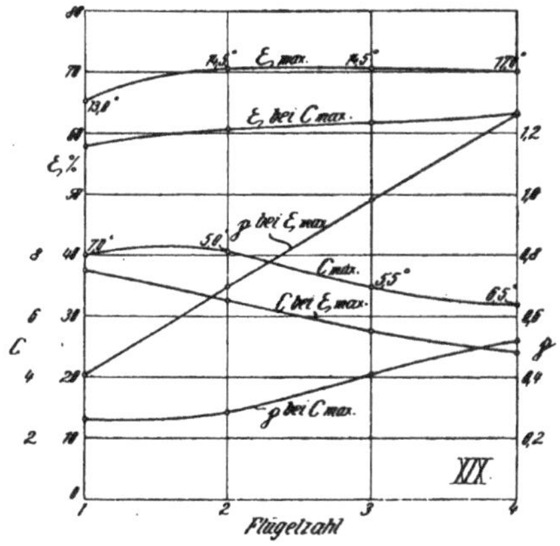

Fig. 228.

Tabelle 19.

## Messungen mit verschiedener Flügelzahl (Serie XVIII).

$R_i = 200$ mm; $R_a = 1500$ m; $B = 190$ mm. (Flügel 1 aus Serie XVII.)

| Anstell-winkel $\alpha_s^0$ | 2-flügelig. Charakteristik für Schubkraft gemessen $\mathfrak{p}$ Flügelpaar $a$ | Flügelpaar $b$ | Drehmoment gemessen $\sqrt{\mathfrak{m}}$ Flügelpaar $a$ | Flügelpaar $b$ | $\mathfrak{m}$ Flügelpaar $a$ | Flügelpaar $b$ | interpoliert $\mathfrak{p}$ | interpoliert $\mathfrak{m}$ | 3-flügelig. Charakteristik für Schubkraft gemessen $\mathfrak{p}$ | Drehmoment gemessen $\sqrt{\mathfrak{m}}$ | $\mathfrak{m}$ | interpoliert $\mathfrak{p}$ | interpoliert $\mathfrak{m}$ | 4-flügelig. Charakteristik für Schubkraft gemessen $\mathfrak{p}$ | Drehmoment gemessen $\sqrt{\mathfrak{m}}$ | $\mathfrak{m}$ | interpoliert $\mathfrak{p}$ | interpoliert $\mathfrak{m}$ |
|---|---|---|---|---|---|---|---|---|---|---|---|---|---|---|---|---|---|---|
| — 8 | —0,03 | —0,053 | 0,119 | 0,108 | 0,014 | 0,012 | — | — | —0,050 | 0,134 | 0,018 | — | — | —0,047 | 0,150 | 0,022 | — | — |
| — 4 | +0,001 | ±0 | 0,113 | 0,074 | 0,013 | 0,006 | — | — | +0,005 | 0,119 | 0,014 | — | — | +0,006 | 0,122 | 0,015 | — | — |
| 0 | 0,115 | 0,076 | 0,116 | 0,091 | 0,013 | 0,008 | 0,10 | 0,012 | 0,095 | 0,125 | 0,016 | 0,11 | 0,018 | 0,118 | 0,149 | 0,025 | 0,120 | 0,022 |
| 3 | 0,203 | 0,170 | 0,149 | 0,125 | 0,022 | 0,016 | 0,185 | 0,019 | 0,214 | 0,160 | 0,026 | 0,235 | 0,028 | 0,264 | 0,183 | 0,014 | 0,265 | 0,033 |
| 6 | 0,303 | 0,270 | 0,185 | 0,163 | 0,035 | 0,027 | 0,285 | 0,030 | 0,346 | 0,206 | 0,043 | 0,365 | 0,045 | 0,417 | 0,230 | 0,053 | 0,420 | 0,053 |
| 9 | 0,408 | 0,350 | 0,221 | 0,206 | 0,049 | 0,042 | 0,385 | 0,044 | 0,479 | 0,254 | 0,064 | 0,500 | 0,068 | 0,566 | 0,281 | 0,078 | 0,570 | 0,078 |
| 12 | 0,508 | 0,453 | 0,261 | 0,237 | 0,068 | 0,058 | 0,485 | 0,062 | 0,620 | 0,302 | 0,091 | 0,640 | 0,094 | 0,743 | 0,342 | 0,119 | 0,750 | 0,116 |
| 16 | 0,623 | 0,579 | 0,307 | 0,290 | 0,094 | 0,084 | 0,600 | 0,092 | 0,781 | 0,362 | 0,131 | 0,800 | 0,139 | 0,978 | 0,420 | 0,167 | 0,980 | 0,178 |
| 20 | 0,682 | 0,668 | 0,362 | 0,346 | 0,131 | 0,119 | 0,680 | 0,127 | 0,892 | 0,442 | 0,196 | 0,910 | 0,189 | 1,150 | 0,502 | 0,252 | 1,134 | 0,250 |
| 25 | 0,743 | 0,690 | 0,424 | 0,424 | 0,170 | 0,170 | 0,715 | 0,178 | 0,920 | 0,509 | 0,295 | 0,945 | 0,260 | 1,190 | 0,580 | 0,337 | 1,190 | 0,336 |
| 30 | 0,733 | 0,700 | 0,486 | 0,494 | 0,237 | 0,247 | 0,710 | 0,235 | 0,945 | 0,578 | 0,334 | 0,950 | 0,336 | 1,180 | 0,650 | 0,421 | 1,190 | 0,422 |
| 35 | 0,715 | 0,670 | 0,536 | 0,530 | 0,288 | 0,280 | — | — | 0,924 | 0,642 | 0,412 | — | — | 1,180 | 0,723 | 0,522 | — | — |
| 40 | 0,700 | 0,672 | 0,586 | 0,590 | 0,344 | 0,348 | — | — | 0,905 | 0,696 | 0,484 | — | — | 1,150 | 0,787 | 0,620 | — | — |

Tabelle 20.

## Übersicht zu Serie XVIII.

| Flügelzahl | $C_{max}$ | und zugehöriges $\zeta$ % | $\mathfrak{p}$ | $\alpha_s^0$ | $\zeta_{max}$ % | und zugehöriges $C$ | $\mathfrak{p}$ | $\alpha_s^0$ | Winkelbereich ($\alpha_s^0$) mit $\zeta > 68$ % |
|---|---|---|---|---|---|---|---|---|---|
| 2 | 9,9 | 64,3 | 0,23 | 3,5 | 70,7 | 8,1 | 0,45 | 11,0 | 6,5 — 15,5 ≅ 9 |
| 3 | 8,5 | 62,0 | 0,28 | 4,0 | 70,7 | 6,8 | 0,64 | 12,0 | 8,0 — 16,0 ≅ 8 |
| 4 | 8,2 | 64,6 | 0,34 | 4,5 | 72,2 | 6,5 | 0,75 | 12,0 | 6,0 — 18,0 ≅ 12 |

Tabelle 21.

## Messungen mit verschiedener Flügelzahl (Serie XIX).

$R_i = 200$ mm; $R_a = 1500$ mm. $B = 280$ mm. (Flügel 2 aus Serie XVII.)

| Anstell-winkel $\alpha_s^0$ | 1-flügelig. (2-flügelig = Flügelpaar 2 aus Serie XVII.) Charakteristik für Schubkraft gemessen $\mathfrak{p}$ | Drehmoment gemessen $\sqrt{\mathfrak{m}}$ | $\mathfrak{m}$ | interpoliert $\mathfrak{p}$ | interpoliert $\mathfrak{m}$ | 3-flügelig. Charakteristik für Schubkraft gemessen $\mathfrak{p}$ | Drehmoment gemessen $\sqrt{\mathfrak{m}}$ | $\mathfrak{m}$ | interpoliert $\mathfrak{p}$ | interpoliert $\mathfrak{m}$ | 4-flügelig. Charakteristik für Schubkraft gemessen $\mathfrak{p}$ | Drehmoment gemessen $\sqrt{\mathfrak{m}}$ | $\mathfrak{m}$ | interpoliert $\mathfrak{p}$ | interpoliert $\mathfrak{m}$ |
|---|---|---|---|---|---|---|---|---|---|---|---|---|---|---|---|
| — 8 | — 0,021 | 0,153 | 0,023 | — | — | 0,025 | 0,187 | 0,035 | — | — | 0,038 | 0,201 | 0,040 | — | — |
| — 4 | 0,009 | 0,136 | 0,019 | — | — | 0,019 | 0,185 | 0,034 | — | — | 0,006 | 0,185 | 0,034 | — | — |
| 0 | 0,083 | 0,134 | 0,018 | 0,080 | 0,018 | 0,136 | 0,186 | 0,035 | 0,115 | 0,035 | 0,136 | 0,194 | 0,038 | 0,138 | 0,038 |
| 3 | 0,164 | 0,153 | 0,023 | 0,160 | 0,023 | 0,279 | 0,212 | 0,045 | 0,270 | 0,045 | 0,298 | 0,225 | 0,050 | 0,300 | 0,053 |
| 6 | 0,233 | 0,173 | 0,030 | 0,235 | 0,030 | 0,442 | 0,258 | 0,067 | 0,440 | 0,064 | 0,496 | 0,282 | 0,079 | 0,488 | 0,076 |
| 9 | 0,310 | 0,206 | 0,043 | 0,315 | 0,040 | 0,619 | 0,305 | 0,093 | 0,612 | 0,096 | 0,684 | 0,336 | 0,113 | 0,685 | 0,114 |
| 12 | 0,378 | 0,227 | 0,052 | 0,388 | 0,051 | 0,777 | 0,359 | 0,129 | 0,795 | 0,132 | 0,875 | 0,398 | 0,151 | 0,878 | 0,160 |
| 16 | 0,469 | 0,268 | 0,072 | 0,480 | 0,072 | 1,030 | 0,443 | 0,196 | 1,026 | 0,192 | 1,170 | 0,489 | 0,239 | 1,160 | 0,234 |
| 20 | 0,557 | 0,311 | 0,097 | 0,564 | 0,099 | 1,250 | 0,515 | 0,265 | 1,250 | 0,265 | 1,425 | 0,570 | 0,325 | 1,426 | 0,325 |
| 25 | 0,636 | 0,381 | 0,145 | 0,618 | 0,146 | 1,470 | 0,605 | 0,366 | 1,468 | 0,372 | 1,725 | 0,610 | 0,372 | 1,725 | 0,462 |
| 30 | 0,623 | 0,458 | 0,210 | 0,635 | 0,203 | 1,550 | 0,700 | 0,490 | 1,546 | 0,490 | 1,890 | 0,790 | 0,623 | 1,885 | 0,623 |
| 35 | 0,594 | 0,503 | 0,253 | — | — | 1,470 | 0,771 | 0,594 | — | — | 1,830 | 0,874 | 0,763 | — | — |
| 40 | 0,583 | 0,554 | 0,307 | — | — | 1,375 | 0,830 | 0,688 | — | — | 1,705 | 0,925 | 0,855 | — | — |

Tabelle 22.

## Übersicht zu Serie XIX.

| Flügelzahl | $C_{max}$ | und zugehöriges $\zeta$ % | $\mathfrak{p}$ | $\alpha_s^0$ | $\zeta_{max}$ % | und zugehöriges $C$ | $\mathfrak{p}$ | $\alpha_s^0$ | Winkelbereich ($\alpha_s^0$) mit $\zeta > 68$ % |
|---|---|---|---|---|---|---|---|---|---|
| 1 | 8,0 | 57,8 | 0,26 | 7,0 | 65,0 | 7,5 | 0,41 | 13,0 | — |
| 2 | 8,2 | 60,7 | 0,28 | 5,0 | 70,5 | 6,5 | 0,70 | 14,5 | 8,5—19,8 ≅ 11 |
| 3 | 6,9 | 61,7 | 0,41 | 5,5 | 70,5 | 5,5 | 0,98 | 14,5 | 9,1—21,5 ≅ 12 |
| 4 | 6,4 | 63,3 | 0,52 | 6,5 | 70,0 | 4,8 | 1,26 | 17,0 | 10,4—22,6 ≅ 12 |

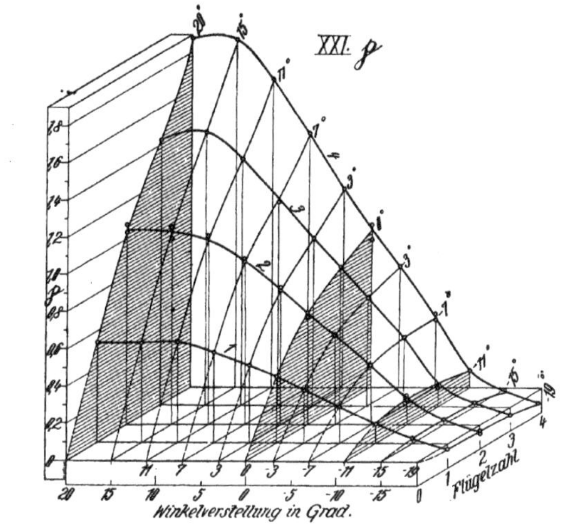


Fig. 229.

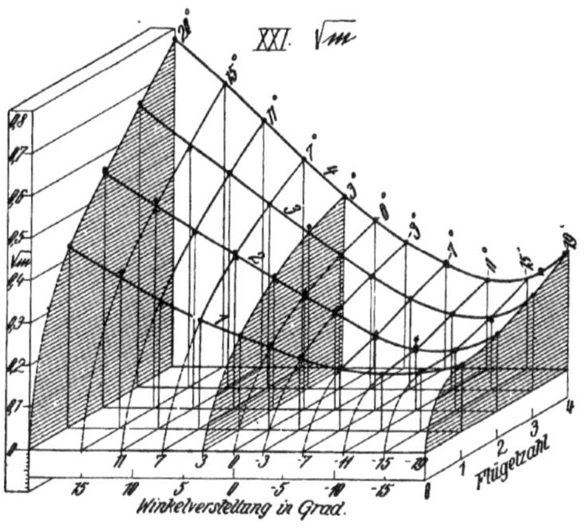


Fig. 230.

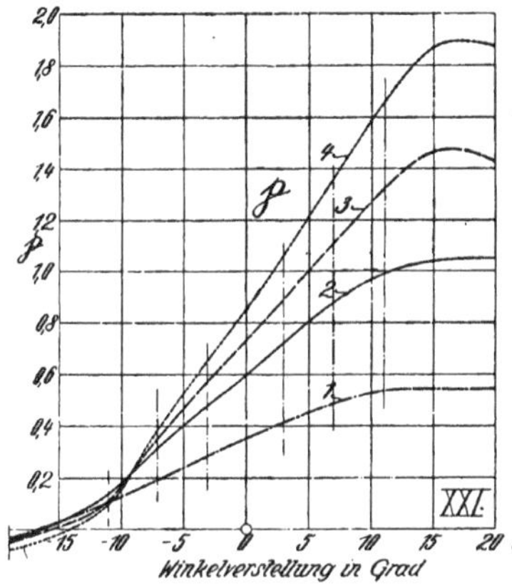


Fig. 231.

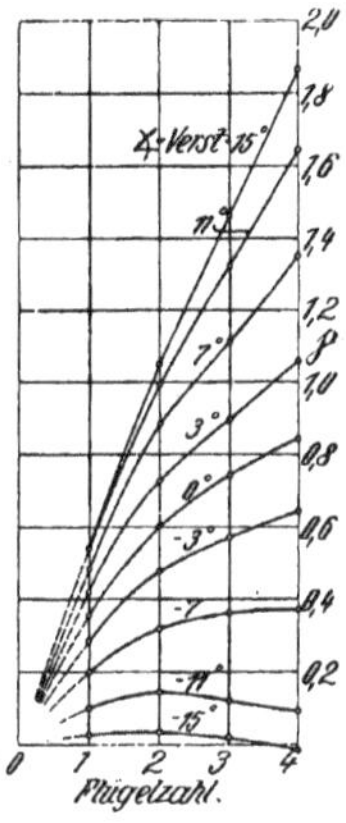


Fig. 232.

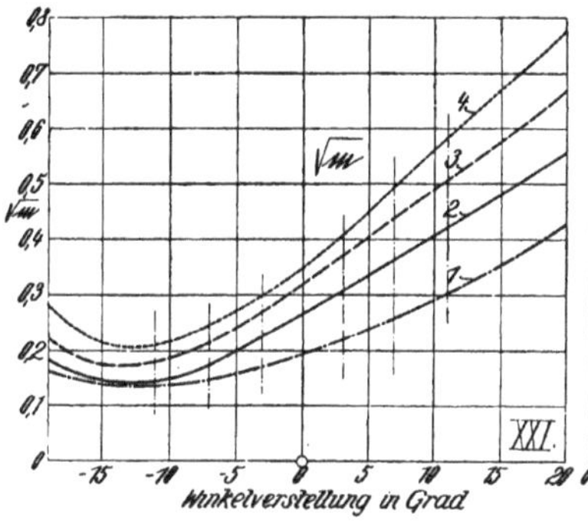


Fig. 233.

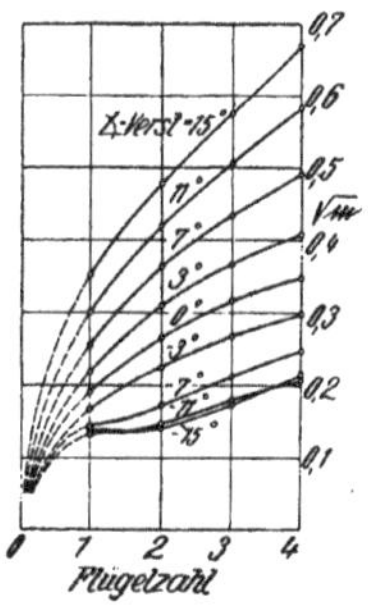


Fig. 234.

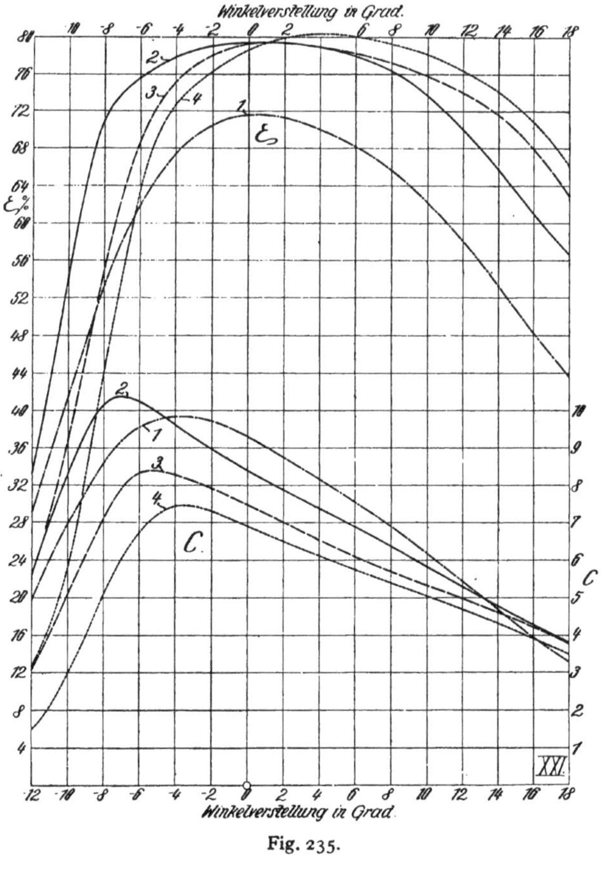


Fig. 235.

## Versuchskurven und Vergleichsgrößen zu Serie XXI.

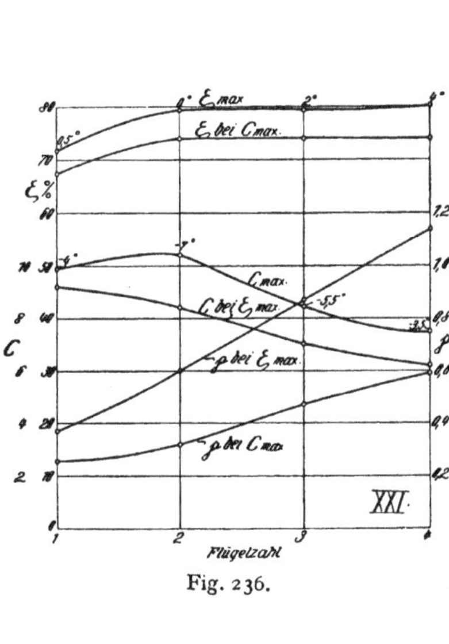


Fig. 236.

spricht. Die Schubkraftcharakteristik ist zunächst für die Einflügelschraube ermittelt. Es ergibt sich

für $B/R = 1/8$ $\mathfrak{p}_1 = 3{,}67\,(0{,}1 + \sin 3\,\alpha_s)$ gültig für $\alpha_s = 0^0$ bis $25^0$,
einfacher $= 0{,}61\,(1 + 0{,}25\,\alpha_s)$ » » $\alpha_s = 0^0$ bis $15^0$,
für $B/R = 1/5{,}3$ $= 0{,}49 + 5{,}22 \sin 2{,}5\,\alpha_s$ » » $\alpha_s = 0^0$ bis $25^0$,
einfacher $= 0{,}61\,(1 + 0{,}33\,\alpha_s)$ » » $\alpha_s = 0^0$ bis $15^0$.

Darauf sind dann folgende für 1 bis 4 Flügel gültige Formeln aufgebaut.

Es ist für

$$\left.\begin{array}{ll} B/R = 1/8 & \mathfrak{p} = \mathfrak{p}_1 \cdot z^{(0{,}6\ + 0{,}003\,\alpha_s)} \\ B/R = 1/5{,}3 & \mathfrak{p} = \mathfrak{p}_1 \cdot z^{(0{,}49 + 0{,}011\,\alpha_s)} \end{array}\right\}\text{gültig für } \alpha_s = 0^0 \text{ bis } 25^0.$$

Bei der analytischen Bestimmung der Drehmomentcharakteristik ist die Einflügelschraube nicht berücksichtigt, weil es nicht gerade bequem war. Diese kommt ja auch praktisch nicht in Frage. Für zwei Flügel ist die Drehmomentcharakteristik für

$$\left.\begin{array}{ll} B/R = 1/8 & \mathfrak{m}_2 = 0{,}082 + 1{,}07\,\alpha_s^{3/2} \\ B/R = 1/5{,}3 & \mathfrak{m}_2 = 0{,}15\ \ + 0{,}82\,\alpha_s^{1{,}7} \end{array}\right\}\text{gültig für } \alpha_s = 0^0 \text{ bis } 25^0.$$

Die Zunahme mit der Flügelzahl werde mit $\Delta\mathfrak{m}$ bezeichnet; dann ist für

$$\left.\begin{array}{ll} B/R = 1/8 & \Delta\mathfrak{m} = 0{,}26\ \ (2{,}0 + 0{,}1\ \ \alpha_s^{1{,}7})\,(z-2) \\ B/R = 1/5{,}3 & \Delta\mathfrak{m} = 0{,}082\,(1{,}0 + 0{,}04\,\alpha_s^{1{,}7})\,(z-2) \end{array}\right\}\begin{array}{l}\text{gültig für } z = 2 \text{ bis } 4 \\ \text{u. } \alpha_s = 0^0 \text{ bis } 25^0.\end{array}$$

Es ließe sich in einfacher Weise das Breitenverhältnis als dritte Variable in obige Gleichungen einführen. Es ist dies jedoch vorläufig unterblieben, weil Versuche mit zwei verschiedenen Breiten unzureichend sind, um eine sichere Gesetzmäßigkeit mit dieser dritten Variablen zu bestimmen. Die Schubkraft wächst also nach obigen Formeln nur etwas stärker als mit $\sqrt{z}$, das Drehmoment dagegen ungefähr linear mit $z$. Bei der vierflügeligen Schraube zeigt sich nach den Versuchen in den Diagrammen für das Drehmoment (Fig. 218, 226) schon eine Abflachung, welche die Formel in obiger Gestalt nicht zum Ausdruck kommen läßt.

Wie bei sämtlichen früheren Serien ist auch hier das Anwachsen von Schubkraft und Drehmoment vom Anstellwinkel beeinflußt, bei schmalen Flügeln in geringerem Maße als bei breiteren, was auch nach den Betrachtungen über den Einfluß der Flügelbreite zu erwarten ist.

Für die Bestimmung der Flügelzahl sind die verschiedensten Gesichtspunkte vorgeschlagen worden:

Nach Pröll ist für die Wahl der Flügelzahl vor allem das Verhältnis von Nabendurchmesser zum Außendurchmesser maßgebend. Die Flügelblätter sollen sich nicht überlagern. Eberhardt und Dornier geben eine Erfahrungszeit an, die bei günstiger Schraubenwirkung mindestens verstreichen muß, bis ein Flügel genau an die Stelle des vorhergehenden rückt, damit jedes Flügelblatt möglichst unbeeinflußte Flüssigkeit trifft. Je größer diese Zeit sei, um so günstiger sei die Kraftwirkung der Schraube. Die Einflügelschraube wäre demnach die günstigste. Demgegenüber verlangt die Schraubenstrahltheorie eine so große Flügelzahl, daß ein möglichst homogener Schraubenstrahl erzeugt wird. Diese letzte Anschauung kommt der Wirklichkeit wohl am nächsten. Ganz schlecht ist nach diesen Versuchen die Wirkung einer Einflügelschraube. Bei den schmalen Flügeln ($B = 1/8\,R$) nimmt das $\zeta_{max}$ mit der Flügelzahl stetig zu, bei den breiteren ($B = 1/5{,}3\,R$) findet man zwar kein Anwachsen, aber auch kein Abnehmen von $\zeta_{max}$, wie man erwarten könnte, da ja mit den vier Flügeln der Serie XIX schon ein Gesamtbreitenverhältnis von 0,75 erreicht wird, und da bei der Zweiflügelschraube der Gütegrad schon mit einem Breitenverhältnis von 0,2 zu sinken begann (Fig. 204, 212). Nach den Versuchen von Dorand ist der Gütegrad von der Flügelzahl unabhängig.

Die Kraftausnutzung nimmt mit zunehmender Flügelzahl ab, auffallend stärker von der zwei- zur dreiflügeligen Schraube als von der drei- zur vierflügeligen. Analog den Breitenserien muß hier mit wachsender Flügelzahl auch der Anstellwinkel vergrößert werden, um die günstigste Wirkung der Flügel zu erzielen.

## 17. Einfluß der Flügelzahl bei verwundenen Flügeln.

(Serie XXI.)

Mit Serie XXI ist eine Schraube mit über den ganzen Radius annähernd konstanter Steigung $h$, also $\alpha_s = \operatorname{arc\,tg} \frac{h}{2\pi r}$, bei einer Flügelzahl 1 bis 4 untersucht. Das Breitenverhältnis entspricht annähernd dem in Serie XIX. Die Form der Schraube sieht man aus Fig. 237.

Bei der graphischen Darstellung tritt hier an Stelle des üblichen Anstellwinkels der Winkel, um den das Flügelblatt aus der Konstruktionsstellung (linke Kurve in Fig. 237) verdreht wird. Die Diagramme zeigen qualitativ denselben Verlauf wie bei den zylindrischen Flügelblättern. Die Schubkraft wächst bei der Konstruktionsstellung auch hier annähernd proportional mit $\sqrt{z}$, während das Drehmoment nicht ganz linear mit $z$ zunimmt.

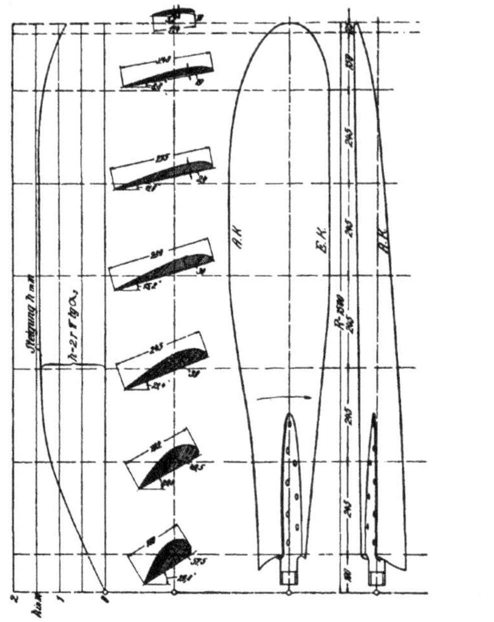

Fig. 237. Flügelform zu Serie XXI, Schraube II.

Es ist:

$$\left.\begin{array}{l} \mathfrak{p} = 3{,}5 \cdot \sqrt{z} \\ \text{und} \quad \mathfrak{m} = 0{,}33 \cdot z^{0{,}88} \end{array}\right\}\text{gültig für } z = 2 \text{ bis } 4.$$

Das Optimum des Gütegrades ist auch hier mit vier Flügeln noch nicht erreicht.

Riabouchinsky[1]) untersuchte eine Schraube von 2 m Durchm. mit kreissektorförmigem Umriß und sichelförmigem Querschnitt 1- bis 11-flügelig. Der Zentriwinkel beträgt 18°. Die Steigung $h = 0{,}75\,D$ ist über den ganzen Radius konstant.

Die aus diesen Versuchen gebildete Schubkraft- und Drehmomentcharakteristik wächst mit der Flügelzahl etwas stärker als bei unserer Serie XXI, offenbar bedingt durch den kreissektorförmigen Umriß. Die analytische Bestimmung ergibt:

$$\left.\begin{array}{l} \mathfrak{p} = \text{konst} \cdot z^{0{,}7} \\ \mathfrak{m} = \text{konst} \cdot z^{0{,}9} \end{array}\right\}\text{gültig für } z = 1 \text{ bis } 7.$$

Nach diesem Versuch läßt sich die Schubkraft nur durch Vermehren der Flügelzahl bis $z = 8$ steigern. Mit größer werdender Flügelzahl bleibt sie konstant, während das Drehmoment weiter zunimmt[2]). Das Optimum des Gütegrades 70%

[1]) Bull. L'Inst. Aérod. de Koutchino 1909, S. 57.

[2]) Die Schraube ist nur mit einer bestimmten Steigung ($h = 0{,}75\,D$) untersucht. Nach unseren Versuchen ist anzunehmen, daß sich die Schubkraft noch weiter steigern läßt, wenn bei höherer Flügelzahl zugleich die Steigung vergrößert wird.

(3% mehr als bei der 4-flügeligen Schraube, wird erst mit 7 Flügeln erreicht, also in der Nähe des $\mathfrak{p}_{max} \cdot C$ fällt dabei langsam ungefähr linear mit $z$. Eine weitere Versuchsreihe über den Einfluß der Flügelzahl von Boyer-Guillon[1]) mit einer Schraube von 2,44 m Durchm. und 0,3 $D$ Steigung deckt sich ebenfalls annähernd mit unseren Ergebnissen, während eine zweite Serie mit einer Schraube von 1,05 $D$ äußerer ($\alpha_s = 17^0$) und 1,4 $D$ innerer Steigung eine mit der Flügelzahl zunehmende Kraftausnutzung $C$ und einen Gütegrad $\zeta$ liefert, der bei 4 Flügeln 8% höher ist als bei 2 Flügeln.

Diese Erscheinung ist nach unseren bisherigen Betrachtungen begreiflich. Der günstigste Anstellwinkel ist bei dieser Serie bei weitem überschritten (vgl. die $C$- und $\zeta$-Kurven). Mit zunehmender Flügelzahl nimmt die Ansaugegeschwindigkeit zu und damit bei festgelegter Steigung der Angriffswinkel ab, so daß die für Kraftausnutzung ungünstige Wirkung der Flügelvermehrung durch den Vorteil des kleiner werdenden Angriffswinkels aufgewogen wird.

Man sieht auch hier wieder, daß ein klares Bild über den Einfluß einzelner Elemente der Schraube nur erhalten werden kann, wenn gleichzeitig der Anstellwinkel (Steigung) variiert wird.

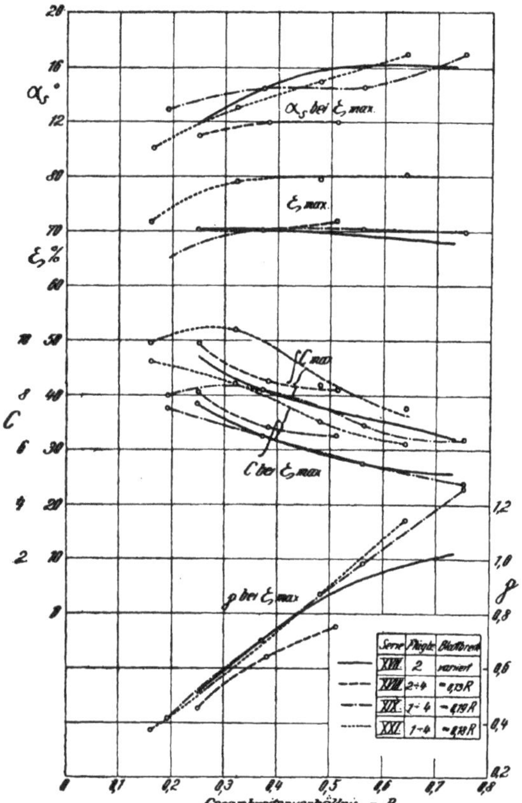


Fig. 238. Zusammenstellung der Vergleichsgrößen von Serie XVII bis XXI.

## Schlußfolgerungen über den Einfluß der Flächenbedeckung des Schraubenkreises (Völligkeit der Schraube).

In Fig. 238 sind die Vergleichswerte der Versuche mit derselben Profilform, jedoch bei verschiedener Breite (Serie XVII, Fig. 212) und verschiedener Flügelzahl (Serie XVIII und XIX, Fig. 220, 228) als Funktion vom Gesamtbreitenverhältnis allein zusammengestellt. Zum Vergleich sind noch die Ergebnisse des schraubenförmig verwundenen Flügels (Serie XXI, Fig. 236) hinzugefügt.

Die Figur zeigt, von welchem Gesamtbreitenverhältnis ab die Zweiflügelschraube gegenüber der Mehrflügelschraube ungünstig zu wirken beginnt. Die oberste Kurvenschar gibt die zu $\zeta_{max}$ gehörigen Anstellwinkel.

Hinsichtlich der schraubenförmigen Verwindung sieht man, daß durch die Verwindung die Flächenausnutzung nicht gesteigert wird, wohl aber infolge kleineren Drehmoments die Kraftausnutzung $C$ und der Gütegrad $\zeta$. Es darf angenommen werden, daß die Schraube der Serie XXI ohne Verwindung ungefähr die Vergleichswerte der Serie XIX liefern würde.

Mit der vorliegenden Arbeit dürften die wichtigsten Gesichtspunkte, die für die Bestimmung des Querschnitts, der Breite und der Zahl der Flügelblätter einer Schraube allgemein in Frage kommen, genügend geklärt sein.

## Untersuchung des Schraubenstrahles. Richtung und Geschwindigkeit des Strahles in der Umgebung der Schraube.

### 1. Meßvorrichtung.

Zum Schluß sollen nun die Strömungsvorgänge im Einflußbereich der Schraube gezeigt werden.

Es wurden bei der vierflügeligen Schraube (Fig. 237) Richtung und Größe der Geschwindigkeit und statischer Druck bei einer konstanten Drehzahl (540 Umdr. pro Min.)

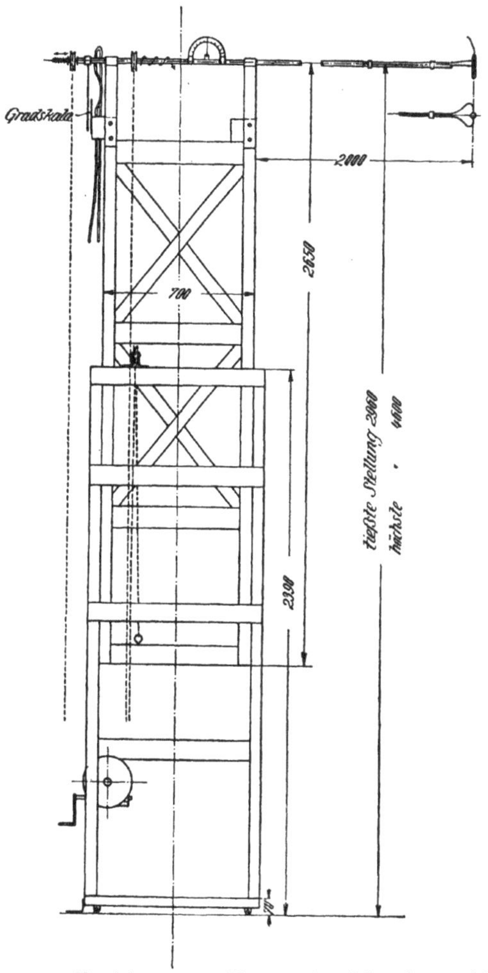


Fig. 239. Vorrichtung zur Messung des Schraubenstrahles.

in verschiedener Entfernung von der Schraubenachse vor und hinter der Schraubenebene gemessen. Die Meßvorrichtung zeigt Fig. 239. Die bekannte Prandtlsche Pitotröhre kann mittels eines fahrbaren und in der Höhe verstellbaren Gestells leicht an die gewünschte Stelle gebracht werden. Die Röhre selbst ist um zwei aufeinander senk-

[1]) Labor. de Cons. des Arts et Métiers Paris, Bull. Soc. des Ing. Civ. Aug. 1908.

recht stehende Achsen drehbar, so daß sie mit Kettenzügen leicht in jede beliebige Richtung eingestellt werden kann. Die Richtung der Flüssigkeitsfäden wird durch einen dünnen, leichten Wollfaden, der am hinteren Ende der Röhre befestigt ist, angezeigt. Die Verstellung der Röhre aus der vertikalen in die radiale bzw. tangentiale Richtung wird durch Zeiger an Gradskalen angezeigt. Die Pitotröhre ist gleichzeitig an ein Krellsches Mikromanometer und an eine gewöhnliche U-Röhre angeschlossen. Zur Messung des statischen Druckes wurden nur die seitlichen Bohrungen der Pitotröhre mit dem Manometer verbunden. Es ist die Geschwindigkeit $v = \sqrt{2 \frac{g}{\gamma} h}$, worin $\frac{\gamma}{g}$ die Masse eines cbm Luft und $h$ die am Manometer abgelesene (vertikale) Flüssigkeitshöhe in mm Wassersäule bedeutet; mit der üblichen Annäherung $\frac{\gamma}{g} = 1/8$ ist $v = 4\sqrt{h}$. Der Einfluß der beim Versuch herrschenden Luftdichte wurde vernachlässigt, da sie gegenüber der Meßgenauigkeit nicht in Frage kommt, und da es hier mehr auf qualitative Messung ankommt. In Fig. 240 sind die erhaltenen Meßwerte aufgetragen. Die Pfeillinien zeigen durch ihre Länge die absolute Geschwindigkeit; an ihrer Richtung sieht man die radiale Einschnürung. Der Angriffspunkt der Pfeillinien entspricht der Stelle, an der sich die Drucköffnung der Röhre bei den Messungen befand. Schwankungen und Wirbel sind an den Pfeillinien in ähnlicher Weise angedeutet, wie man sie an dem Wollfaden beobachtet.

Die Abweichungen in tangentialer Richtung (Rotation des Schraubenstrahles) sind in der linken Hälfte des Bildes über den gemessenen Stellen in Graden aufgetragen. Die Meßwerte für eine bestimmte Entfernung von der Schraubenebene sind unter sich verbunden. Wo die Diagramme gestrichelt sind (links), treten starke Schwankungen auf, oft bis $\pm 90^0$. Die eingetragenen Punkte stellen die Mittelwerte dieser Schwankungen dar. Schließlich ist in der rechten Hälfte des Bildes zu jedem Querschnitt der statische Druck graphisch dargestellt.

Einige Kontrollversuche zeigten, daß sich mit der Drehzahl nur die Größe der Geschwindigkeit und der statische Druck ändern, nicht aber die Richtung der Geschwindigkeit. Die Schraubenstrahltheorie spielt in den neueren Veröffentlichungen der Lorenzschen Theorie 1906[1]) und der Finsterwalder-Bendemannschen Theorie 1910[2]) eine wichtige Rolle. An Hand dieses Bildes ergeben sich einige Gesichtspunkte zur Beurteilung der den einzelnen neueren Theorien zugrunde liegenden Voraussetzungen über die Eigenschaft des Schraubenstrahles, auf die im übrigen nicht näher eingegangen werden soll.

## 2. Strömungsgeschwindigkeit vor der Schraube.

Über die axiale Geschwindigkeit, mit der die Flüssigkeit vor der Schraube angesaugt wird (Ansaugegeschwindigkeit), herrscht unter den Theoretikern große Meinungsverschiedenheit. Nach der Annahme von Rateau[3]) und der neuesten Theorie von Professor Gümbel[4]) hat der Schraubenstrahl schon vor dem Eintritt in die Schraube die volle Geschwindigkeit, mit der er den Schraubenkreis verläßt, und mithin auch die volle Kontraktion. Schubkraft und Drehmoment würden lediglich durch tangentiale Ablenkung der Stromfäden in der Schraube erzeugt, nicht durch axiale Geschwindigkeitsvermehrung (vgl. das rechnerisch ermittelte Strömungsbild, Gümbel S. 447). Man kann sich im übrigen schon ohne jede Messung in der Nähe der rotierenden Schraube davon leicht überzeugen, daß die Geschwindigkeit hinter der Schraube eine bedeutend größere ist als vor der Schraube.

Die Anschauungen anderer Autoren (Reißner, Lorenz) kommen unserem Bilde näher. Nach ihnen ist keine Ansaugegeschwindigkeit vorhanden, braucht vielmehr zur Erzeugung von Schubkraft und Drehmoment nicht vorhanden zu sein. Dem Schraubenstrahl werde die ganze Beschleunigung in der Schraube selbst mitgeteilt (»Zwangsbeschleunigung, Deshomogenisierung« des Schraubenstrahles).

Lorenz hat nach Mitteilungen auf der Sitzung der Schiffbautechnischen Gesellschaft, Berlin, November 1913, an Schiffschrauben in Fahrt zwar eine Geschwindigkeit gemessen, die jedoch nicht die volle Größe der Austrittsgeschwindigkeit hat. Ebenso setzt Pröll[1]) die mittlere axiale Eintrittsgeschwindigkeit in den Propeller

$$w_e = w_0 + k_1 \cdot \omega,$$

worin $w_0$ die Geschwindigkeit des Vorstromes (bei Standversuchen = 0), $\omega$ die Winkelgeschwindigkeit und $k_1$ einen Koeffizienten bedeutet. Diese Anschauung kommt nach unseren Versuchen der Wirklichkeit am nächsten. Nach den Fuhrmannschen[2]) Druckmessungen ist auch anzunehmen, daß der starke Unterdruck auf der Saugseite ein Heransaugen der Flüssigkeit verursacht.

## 3. Geschwindigkeit und Kontraktion des Strahles hinter der Schraube.

Auch hinsichtlich der Geschwindigkeit und namentlich der Kontraktion des Schraubenstrahles hinter der Schraube (des Reaktionsstrahles) sind die Voraussetzungen der Autoren sehr verschieden. Es stehen sich hauptsächlich folgende zwei Anschauungen gegenüber: die Einschnürung des Schraubenstrahles geschieht in radialer Richtung (Rankine, Finsterwalder-Bendemann) oder in tangentialer Richtung (Reißner). Nach beiden wird der Flüssigkeit beim Durchtritt durch die Schraube Beschleunigung und kinetische Energie mitgeteilt, die einen Geschwindigkeitszuwachs des Schraubenstrahles hinter der Schraube verursacht. Wegen der Kontinuität muß entsprechend der axialen Geschwindigkeitsvermehrung der Strahlquerschnitt sich einschnüren. Diese Kontraktion geschieht nach Reißner in tangentialer, nach der anderen Anschauung in radialer Richtung.

Die allgemein gültige Ableitung des Gütegrades $\zeta$ führte darauf, daß die Querschnittsfläche des Schraubenstrahles an der Stelle der größten Einschnürung, wo also die axiale Geschwindigkeit ihr Maximum erreicht hat, nur halb so groß ist wie die Schraubenkreisfläche. In dem Bilde (Fig. 240) ist der Durchmesser, welcher der halben Schraubenkreisfläche entspricht, angedeutet. Unsere Voraussetzung kommt darnach der Wirklichkeit sehr nahe. Der Schraubenstrahl hinter der Schraube bildet nach unserer Annahme einen kompakten, homogenen Strom mit über den ganzen Querschnitt annähernd gleichen Strömungsverhältnissen.

Wesentlich verschieden davon ist die Anschauung von Professor Reißner, der keine radiale Kontraktion hinter der Schraube annimmt. Die radiale Einschnürung bei (Stand-) Hubschrauben würde in vollem Maße schon vor der Schraube erreicht (Z. f. Fl. u. M. 1910, S. 259). Für Marschschrauben lasse sich durch entsprechende Wahl der Flügelbreite erreichen, daß die Flüssigkeit ohne Ansaugegeschwindigkeit, also ohne Kontraktion, in die Schraube eintritt[3]). Die Strömung hinter der Schraube verlaufe in zylindrischen Schalen. Die Kontraktion infolge Geschwindigkeitszunahme vollziehe sich hinter der Schraube in tangentialer Richtung, so daß der Reaktionsstrahl aus »spiralig bewegten Rändern beschleunigter Flüssigkeit mit dazwischen liegenden stagnierenden Bereichen« bestehe.

[1]) Lorenz, Theorie und Berechnung der Schiffsschrauben. Jahrbuch der Schiffbautechnischen Gesellschaft 1906. Pröll hat in seinen »Betrachtungen zur Lorenzschen Schraubentheorie« (Zeitschrift für das gesamte Turbinenwesen 1911 Heft 19/22), die wichtigsten der im Laufe der Jahre gegen diese Theorie erhobenen Einwände übersichtlich zusammengestellt und (nach unseren Versuchen mit guter Annäherung an die Wirklichkeit) untersucht.

[2]) Luftschrauben-Untersuchungen Heft I, 1911, S. 8; Z. f. Fl. u. M. 1910, S. 177.

[3]) Rateau, Theorie der Schrauben und Tragflächen, Motorwagen 1910, S. 176.

[4]) Gümbel, Das Problem des Schraubenpropellers, Schiffbautechnische Gesellschaft 1914, S. 434.

[1]) Pröll, Vorstrom und axiale Geschwindigkeit des Wassers bei Schiffsschrauben, Schiffbau 1911, 11.

[2]) Fuhrmann, Mitteil. der Gött. Mod. Versuchsanstalt, Zeitschr. f. Flugtechn. u. Motorluftschiffahrt 1913, S. 89.

[3]) Der Fehler infolge der Vernachlässigung der radialen Kontraktion ist bei den Reißnerschen Berechnungen nur gering, da nur die verhältnismäßig schmale Zone des Schraubenstrahles in der Nähe der Schraubenebene eingeführt wird.

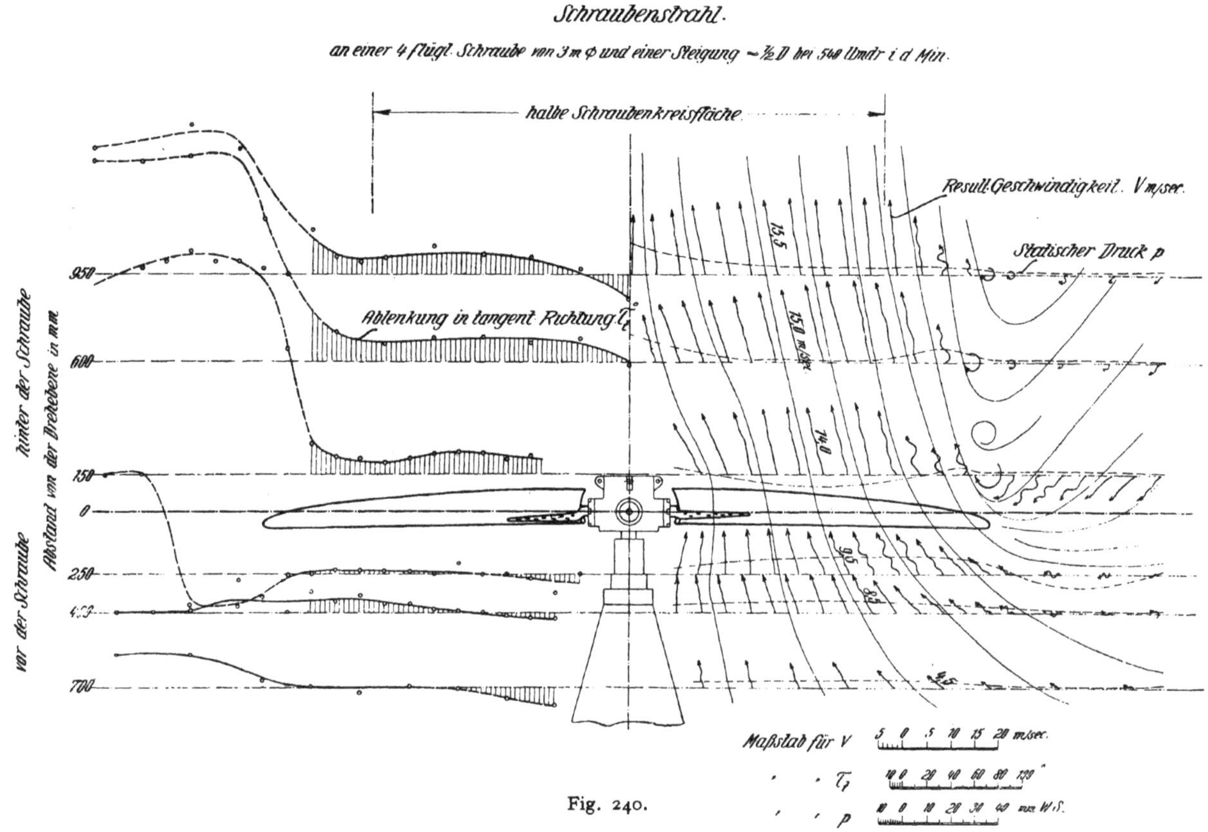


Fig. 240.

Inwieweit die Annahme der tangentialen Kontraktion zutrifft, läßt sich aus dem Bilde durch Vergleich der Strömungsquerschnitte und der Geschwindigkeit erkennen.

Nach den Annahmen von Gümbel und Rateau erfährt der Strahl, wie bereits bemerkt, hinter der Schraube keine axiale Geschwindigkeitszunahme. Er beginnt nach beider Ansicht schon bald hinter der Schraube zu divergieren.

## 4. Rotation des Schraubenstrahles.

Über eine dritte Frage, die tangentiale Geschwindigkeitsablenkung (Rotation) des Schraubenstrahles, gibt die linke Hälfte des Bildes Aufschluß. Vor der Schraube besitzt der Strahl, entgegen der Annahme einzelner Autoren, keine Drehbewegung. Eine solche wäre auch ganz unerklärlich, da dem Schraubenstrahl vor Eintritt in die Schraube keine Richtungsänderung mitgeteilt wird. Erst beim Durchtritt durch die Schraube erfährt der Strahl eine tangentiale Ablenkung, deren Größe in erster Linie von der Steigung abhängig ist. Bei unserer Vierflügelschraube mit einer Steigung von ca. 0,5 D beträgt diese ungefähr 15° bis 20° und ist bis ungefähr ¼ R von außen über den ganzen Radius annäherd konstant.

Im Abstand ¼ R von den Flügelspitzen nehmen die Stromfäden eine besonders starke Ablenkung aus der axialen Richtung an. In diesem Abstand setzt auch das starke Fallen der Geschwindigkeit ein (rechte Hälfte der Fig. 240).

Die statische Druckmessung zeigt teilweise sehr auffallende Erscheinungen, die erst durch weitere Versuche kontrolliert werden müssen.

## 5. Zusammenfassung.

Die Messungen bestätigen in der Hauptsache die Richtigkeit der Anschauungen, die man auf Grund der neueren deutschen Forschungen von Ahlborn[1]), Wagner[2]) Flamm[3]), Kempf[4]), Kimmel[5]) gewonnen hat:

Die Flüssigkeit wird in konvergierendem Strahl zur Schraube herangezogen. Auch hinter der Schraube setzt sich entsprechend der axialen Geschwindigkeitszunahme die Kontraktion fort. Spiralige Wirbelfäden grenzen das Konoid hinter der Schraube von dem umgebenden Medium ab. In der Schraubenebene strömt die Flüssigkeit der Schraube am Umfang radial zu. An den Flügelspitzen bilden sich starke Wirbel.

Systematische Versuche, den Umriß des Flügelblattes dem Schraubenstrahl möglichst anzupassen, sind gut geeignet, die günstige Wirkung der Schraube zu steigern. Nur durch derartige Versuche kann auch das richtige Breitenverhältnis des Flügelblattes über die Länge des Flügels zuverlässig ermittelt werden (vgl. dazu die Messungen des Italieners Crocco[6]) an zwei Schrauben mit verschiedenen Breitenverhältnissen).

[1]) Ahlborn, Schiffbautechnische Gesellschaft 1905.
[2]) Wagner, Schiffbautechnische Gesellschaft 1906.
[3]) Flamm, Schiffbautechnische Gesellschaft 1908.
[4]) Kempf, Dissertation 1911.
[5]) Kimmel, Dissertation 1912.
[6]) G. A. Crocco. Sulla teoria analitica delle eliche. Rom 1911. Diese Messungen geben zum Unterschied von den unsrigen die Strömungen am Flügelblatt selbst, da das Meßinstrument mit diesem mitrotiert.

# Abschließende Folgerungen, Nutzanwendung.

## 1. Energiebilanz des Schraubenstrahles.

(Nachtrag zu den Lindenberger Luftschrauben-Untersuchungen[1]).

Von F. Bendemann.

### I. Das Strömungsbild der Luftschraube am Stand.

Die von Herrn Dr.-Ing. Schmid im vorigen Abschnitt mitgeteilte Aufnahme des Strömungsverlaufes an einer Schraube am festen Stand verlohnt noch einer näheren Betrachtung, die hier nachgetragen werden soll. Man erhält nämlich, neben der allgemeinen Anschauung des Vorganges, auch zahlenmäßig recht guten Einblick in die Umsetzung der Kräfte und die Art der Verluste.

An zahlreichen Punkten vor und hinter der Schraube wurden die Luftgeschwindigkeiten nach Größe ($v$) und Richtung ($\tau$, $\varrho$) gemessen. $\tau$ ist die Winkelabweichung im tangentialen, $\varrho$ im radialen Sinne von der axialen Richtung. In Fig. 239 wurde die Meßvorrichtung und in Fig. 240 das gewonnene Strömungsbild dargestellt. In Fig. 241 ist es etwas vervollständigt wiederholt, um die allseitige Zuströmung auch von den Flügelspitzen her entgegen der vermeintlichen Fliehkraftwirkung (die noch immer bei vielen Erfindungen eine Rolle spielt!) und die weit nach hinten gehende Einschnürung des Strahles ins Gedächtnis zurückzurufen. Zugleich mag nochmals auf die zum Verständnis des Vorganges sehr dienliche Analogie mit der Ausströmung von Flüssigkeit aus einem Gefäß durch eine einspringende (Bordasche) Mündung und die Gleichartigkeit der dabei auftretenden Kräfte hingewiesen werden, welche wir zur anschaulichen Erläuterung unserer Schraubenstrahl- und Gütegradtheorie gegen Mißverständnisse herangezogen hatten[2]. Wie bei der theoretisch »vollkommenen« oder verlustlosen Schraube in der Theorie, so findet bei der einspringenden Mündung in Wirklichkeit die »vollständige Einschnürung des Strahles« statt, wie wir sie genannt haben, wobei sich der Strahl auf die Hälfte der Schrauben- bzw. Mündungskreisfläche verjüngt, also sein Durchmesser auf das $\sqrt{\frac{1}{2}}$fache des Schrauben- oder Mündungsdurchmessers eingeschnürt wird.

[1] F. Bendemann, Z. f. Fl. u. M. 1910, S. 141, 177, 205, 284 u. 293; 1911, S. 137, 149, 167, 213 u. 248; 1912, S. 44, 129, 141, 169, 181, 193 u. 206; auch »Luftschraubenuntersuchungen«, R. Oldenbourg, München und Berlin 1911 (Heft I) u. 1912 (Heft II).

[2] F. Bendemann, Z. f. Fl. u. M. 1911, S. 45; »Luftschraubenuntersuchungen« Heft I, S. 35.

In welchem Maße diese Einschnürung bei dem wirklichen Schraubenstrahl stattfindet, läßt sich jedoch nach dem Strömungsbilde nur ungenau feststellen, weil der Umriß durch ein Wirbelbereich verwischt ist.

### II. Leistungsbilanz des Strömungsvorganges.

Einen recht genauen Vergleich der Strömung mit dem Idealvorgange erhalten wir dagegen, wenn wir für irgendeinen Querschnitt des Schraubenstrahles die in der Strömung nachweisbaren Energiebeträge nachrechnen und feststellen, inwieweit sich die aufgewandte Antriebsleistung der Schraube in der Strömungsenergie wiederfindet, und anderseits, inwieweit der gemessene Schraubenschub dem axialen, das gemessene Drehmoment dem tangentialen Rückdruck der Strömung entspricht. Dabei erfahren wir auch, welcher Leistungsanteil durch die Rotation des Strahles verloren geht, die neben der Wirbelung den wesentlichsten Unterschied des wirklichen Vorganges an einer einfachen Schraube gegen den Idealvorgang ausmacht, die sich jedoch bei einer gegenläufigen Doppelschraube oder auch schon durch ein festes Leitflächensystem vor oder hinter der Schraube grundsätzlich vermeiden ließe.

Bedeutet, gemäß unseren früheren[1] Festsetzungen, $Q$ die sekundlich strömende Luftmasse in kg-Masse/s (oder kgs/m) und $v$ ihre absolute Geschwindigkeit in m/s, nennen wir ferner $v_a$, $v_t$, $v_r$ deren axiale, tangentiale und radiale Komponenten, so ist die gesamte sekundliche Strömungsenergie $L$ des Strahles, nach den Komponenten zerlegt:

$$L_a = \tfrac{1}{2} \int v_a^2 \, dQ$$

$$L_t = \tfrac{1}{2} \int v_t^2 \, dQ$$

$$L_r = \tfrac{1}{2} \int v_r^2 \, dQ.$$

Die Geschwindigkeitskomponenten ergeben sich aus der gemessenen Absolutgeschwindigkeit $v$ und deren Winkelabweichungen $\tau$ und $\varrho$ (vgl. die Zerlegung nach Fig. 242) zu

$$v_a = \frac{v}{\psi}, \quad v_t = v_a \operatorname{tg} \tau, \quad v_r = v_a \operatorname{tg} \varrho,$$

wenn zur Abkürzung

$$\psi = \sqrt{1 + \operatorname{tg}^2 \tau + \operatorname{tg}^2 \varrho}$$

gesetzt wird. Das sekundliche Luftmassenelement $dQ$ ist die Masse, welche einen Elementarring $2\pi r dr$ der Strahl-

[1] Z. f. Fl. u. M. 1910, S. 179, Heft I, S. 9.

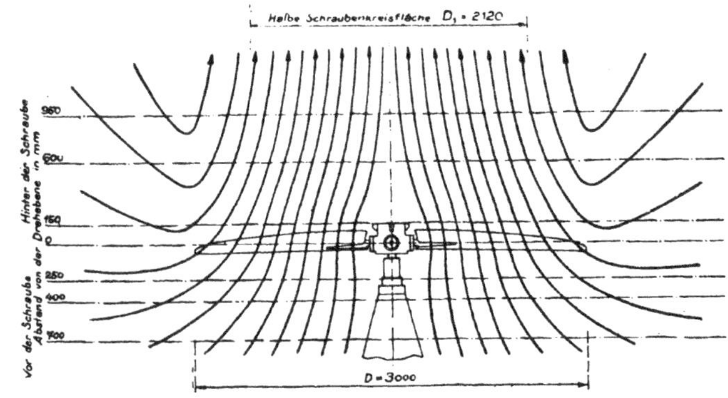


Fig. 241.
Strömungsverlauf an der Luftschraube im Stand, nach Messungen mit einem drehbaren Prandtl-Rohr.

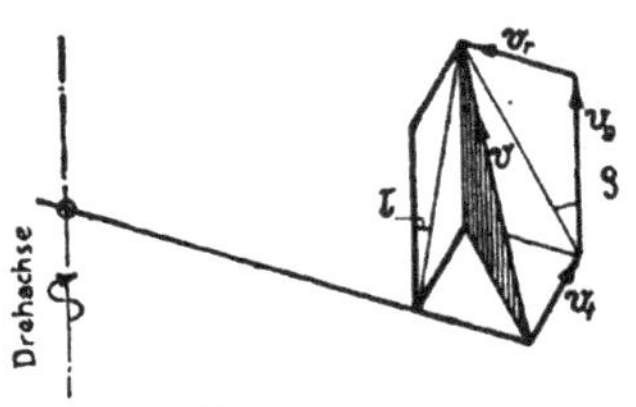


Fig. 242.
Zerlegung der Strömungsgeschwindigkeit $v$ in ihre axiale ($v_a$), tangentiale ($v_t$) und radiale ($v_r$) Komponente. Die Projektion der Geschwindigkeit $v$ in die $v_a$ $v_t$-Ebene bildet mit $v_a$ den Winkel $\tau$; die Projektion von $v$ in die $v_a$ $v_r$-Ebene bildet mit $v_a$ den Winkel $\varrho$.

querschnittsfläche in einer Sekunde durchströmt, also mit der Luftdichte $\gamma$ (kg/m³):

$$dQ = \frac{\gamma}{g}\, 2\pi r\; v_a\, dr = 2\pi \frac{\gamma}{g} \frac{v}{\psi}\, r\, dr.$$

Demnach ist die gesamte sekundliche Fördermenge des Strahles

$$Q = 2\pi \frac{\gamma}{g} \int \frac{v}{\psi}\, r\, dr$$

und die obigen Leistungsanteile

$$L_a = \pi \frac{\gamma}{g} \int \left(\frac{v}{\psi}\right)^3 r\, dr,$$

$$L_t = \pi \frac{\gamma}{g} \int \left(\frac{v}{\psi}\right)^3 \mathrm{tg}^2\, \tau\, r\, dr,$$

$$L_r = \pi \frac{\gamma}{g} \int \left(\frac{v}{\psi}\right)^3 \mathrm{tg}^2\, \varrho\, r\, dr.$$

Schließlich ergibt sich der axiale Rückdruck des Strahles, also der axiale Schub $S$ der Schraube, zu

$$S = \int v_a\, dQ = 2\pi \frac{\gamma}{g} \int \left(\frac{v}{\psi}\right)^2 r\, dr$$

und der tangentiale Rückdruck, der dem Drehmoment entspricht, zu

$$M = \int v_t\, r\, dQ = 2\pi \frac{\gamma}{g} \int \left(\frac{v}{\psi}\right)^2 \mathrm{tg}\, \tau\, r^2\, dr.$$

Die Integrale sind dabei zu erstrecken über alle Werte des Halbmessers von $r = 0$ (Achse) bis $r = R'$ (Strahlbegrenzung im betrachteten Querschnitt) oder auch bis $r = R$ (Schraubenkreisbegrenzung), in genügender Annäherung wegen der im Zwischenraum $R' < r < R$ herrschenden geringen Geschwindigkeiten.

Zur Auswertung dieser Größen entnehmen wir nun den früher[1]) bereits dargestellten Messungen die Werte von $v$, $\tau$ und $\varrho$ für eine genügende Anzahl von radialen Punkten auf einem der aufgemessenen Strahlquerschnitte, z. B. dem um 0,95 m hinter der Schraube liegenden, berechnen punktweise die Integrationsgrößen und führen die Integration graphisch aus. Es ergeben sich die Zahlen der Tabelle 23.

Die Kurven in Fig. 243 zeigen den Verlauf der gemessenen und der für $Q$, $L_a$, $L_t$ und $P$ maßgebenden Rechnungsgrößen. Nur die für $L_r$ maßgebenden Werte $\left(\frac{v}{\psi}\right)^3 \mathrm{tg}^2\, \varrho r$ fehlen. Sie sind so klein, daß sie in gleichem Maßstabe wie $\left(\frac{v}{\psi}\right)^3 r$ gar nicht darstellbar sind. Demgemäß ist auch der radiale Leistungsanteil $L_r$ selbst verschwindend klein und kann gegenüber $L_a$ und $L_t$ vernachlässigt werden. Im übrigen ergibt die Auswertung der von den Kurven begrenzten Flächen (Spalte 15 der Tabelle) unter Berücksichtigung der Maßstäbe (Spalte 16) nach obigen Gleichungen die Werte der letzten Tabellenspalte.

Betrachten wir zunächst die Auswertung für den Schub. Sie ergibt

$$S = 127{,}5 \text{ kg}.$$

Dagegen war durch unmittelbare Wägung gemessen (vgl. Nachweis über Tab. 23) $s = 127$ kg, also in überraschender Übereinstimmung, die man für Zufall halten möchte. Daß grundsätzlich eine volle Übereinstimmung zwischen diesen Größen herrschen muß, beruht in der Gleichheit von Aktion und Reaktion, zwischen denen Verluste nicht möglich sind. Die Arbeitsverluste müssen vielmehr in dem Leistungsnachweis vollständig in Erscheinung treten.

[1]) Vgl. Fig. 240.

## Tabelle 23. **Schraubenstrahlmessungen.**

4 flügelige Holzflügelschraube nach Schmid, Fig. 237[1]) in Normalstellung ($a_s = 0$), Durchmesser: $D = 3{,}00$ m, Drehzahl: $n = 540$/min.

Gemessen wurden, wie aus Fig. 232 und 234 zu entnehmen[1]):

$\mathfrak{p} = 0{,}85$; $\sqrt{\mathfrak{m}} = 0{,}35$, also $\mathfrak{m} = 0{,}123$.

Demnach mit den früheren Bezeichnungen[2]): Schub $S = \mathfrak{p}\, R^4 \left(\frac{n}{100}\right)^2 = 127$ kg; Drehmoment $M = \mathfrak{m}\, R^5 \left(\frac{n}{100}\right)^2 = 27{,}2$ mkg.

Also Leistung $N = 21{,}1$ PS; Kraftausnutzung $C = 6{,}9$; Gütegrad $\zeta = 0{,}79$.

| 1 | 2 | 3 | 4 | 5 | 6 | 7 | 8 | 9 | 10 | 11 | 12 | 13 | 14 | 15 | 16 | 17 |
|---|---|---|---|---|---|---|---|---|---|---|---|---|---|---|---|---|
| Größe bzw. Integrand | Maßeinheit | Zahlwert für den Achsenabstand $r =$ m | | | | | | | | | | | Zur Berechnung von | Integralfläche[3]) cm² | Wert eines cm² in Maßeinheiten | Ergebnis |
| | | 0,0 | 0,2 | 0,4 | 0,6 | 0,8 | 1,0 | 1,1 | 1,2 | 1,3 | 1,4 | 1,5 | | | | |
| $v$ | m/s | 12,2 | 13,9 | 15,4 | 15,7 | 16,1 | 16,1 | 15 | 12,2 | 6,7 | 3,5 | 1,7 | — | — | — | — |
| $\tau$ | Grad | 20 | 6 | 15 | 18 | 21 | 15 | 10 | 15 | 35 | 65 | 95 | — | — | — | — |
| $\varrho$ | Grad | 0 | 8 | 10 | 10 | 6 | 4 | 4 | 4 | 6 | 10 | 20 | — | — | — | — |
| $\psi$ | — | 1,06 | 1,02 | 1,05 | 1,06 | 1,08 | 1,04 | 1,02 | 1,04 | 1,22 | 2,38 | — | — | — | — | — |
| $v_a = \frac{v}{\psi}$ | m/s | 11,5 | 13,7 | 14,7 | 14,7 | 14,9 | 15,5 | 14,8 | 11,8 | 5,5 | 1,5 | — | — | — | — | — |
| $\frac{v}{\psi} \cdot r$ | m²/s | 0 | 2,7 | 5,9 | 8,8 | 11,9 | 15,5 | 16,2 | 14,1 | 7,1 | 2,1 | — | $V$ und $Q$ | 30,5 | 0,40 m³/s | $V = 76{,}5$ m³/s; $Q = \frac{\gamma}{g} \cdot V = 9{,}6$ kg-Masse/s |
| $\left(\frac{v}{\psi}\right)^2 \cdot r$ | m³/s² | 0 | 37,6 | 86,5 | 130 | 178 | 240 | 240 | 166 | 39 | 3,0 | — | $S$ | 41,5 | 4,0 m⁴/s² | $S = 127{,}5$ kg |
| $\left(\frac{v}{\psi}\right)^2 \cdot r^2 \cdot \mathrm{tg}\, \tau$ | m⁴/s² | 0 | 0,75 | 9,3 | 25 | 54 | 65 | 48 | 54 | 36 | 9,0 | — | $M$ | 38,8 | 1,0 m⁵/s² | $M = 27{,}2$ mkg |
| $\left(\frac{v}{\psi}\right)^3 \cdot r$ | | 0 | 517 | 1270 | 1800 | 2650 | 3630 | 3530 | 1950 | 213 | 4,5 | — | $L_a$ | 58,5 | | $L_a = 900$ mkg/s; $N_a = 12{,}0$ PS |
| $\left(\frac{v}{\psi}\right)^3 \cdot r \cdot \mathrm{tg}^2 \tau$ | m⁴/s³ | 0 | 5,7 | 91 | 191 | 392 | 261 | 110 | 140 | 104 | 21 | — | $L_t$ | 5,3 | 40 m³/s³ | $L_t = 81$ mkg/s; $N_t = 1{,}1$ PS |
| $\left(\frac{v}{\psi}\right)^3 \cdot r \cdot \mathrm{tg}^2 \varrho$ | | 0 | 10,3 | 39 | 56 | 29 | 18 | 18 | 10 | 2 | 0,1 | — | $L_r$ | 0 | | $L_r$ sehr klein |
| $p$ | kg/m² | 12 | 7,0 | 5,0 | 3,5 | 3,5 | 2,0 | — | 3,0 | 2,0 | 2,5 | 1,0 | — | — | — | — |

[1]) Dieses Heft S. 25 und 26.

[2]) Dieses Heft S. 5.

[3]) Nach dem Original der Fig. 243, bei dem die wagerechte Skala für den Achsenabstand 150 mm lang war.

Ebenso müßte grundsätzlich das aus dem Schraubenstrahl nachgerechnete Drehmoment genau mit dem gemessenen übereinstimmen. Hier ist die Genauigkeit der Strahlmessung aber geringer, denn sie hängt von der naturgemäß nicht sehr exakt möglichen Messung der an sich nur geringen Winkelabweichungen $\tau$ der Geschwindigkeitsrichtung von der Achsenrichtung ab. Das nachgerechnete Drehmoment ergibt sich zu 30 mkg gegenüber dem gemessenen Werte von 27,2 mkg, immerhin also auf 10% übereinstimmend.

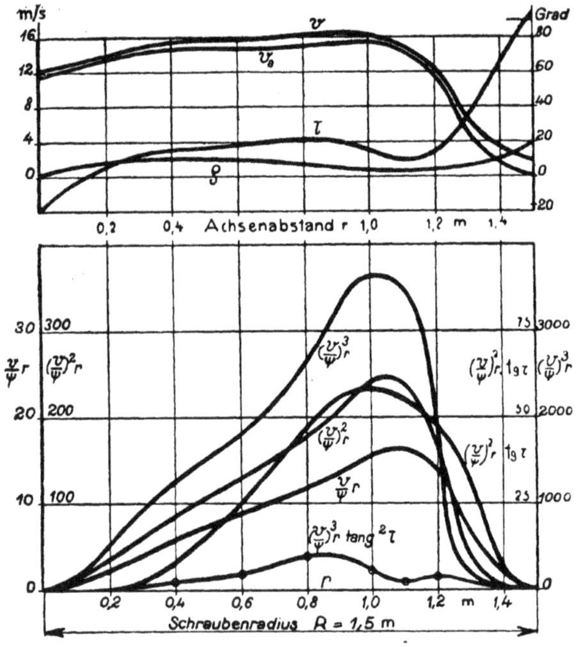


Fig. 243.

Darstellung der gemessenen (oben) und der berechneten (unten) Werte[2]) zur Ermittelung der durchfließenden Luftmenge, des Schubes u. Drehmomentes, sowie der axialen u. tangentialen Leistung.

Dementsprechend dürfen wir nun auch für die Leistungsbilanz eine ziemliche Zuverlässigkeit erwarten. Nach Tab. 23 ergibt die Auswertung:

$$N_a = 12{,}0 \text{ PS}$$
$$N_t = 1{,}1 \text{ »}$$
$$N_r = 0 \text{ »}$$

Damit wären im Strahl erst 13,1 PS nachgewiesen, gegenüber

$$N_1 = 21{,}1 \text{ PS}$$

gemessener Leistung an der Schraubenwelle.

Davon sind also 12,0 PS = 56,9% als axiale
und 1,1 PS = 5,2% als tangentiale

Strömungsleistung nachgewiesen; nicht nachgewiesen sind

$$8{,}0 \text{ PS} = 37{,}9\%.$$

Um unsere Leistungsbilanz zu vervollständigen, müssen wir aber noch eine bisher übergangene Erscheinung beachten, nämlich den kleinen statischen Überdruck, der im Strahl hinter der Schraube herrscht. Die statischen Drücke sind bei der Strahlaufnahme in allen Querschnitten sorgfältig mit gemessen worden — an den Seitenöffnungen des Staugerätes, das zur Geschwindigkeitsmessung diente, — und in dem früheren Strahlbild[1]) mit eingetragen, die Überdrücke positiv in Richtung von der Schraubenebene weg, Unterdrücke umgekehrt. Wie man sieht, herrschen dicht vor der Schraube Unterdrücke bis zu 8 kg/m², hinter ihr stellt sich allmählich erst Überdruck ein, der in dem dieser Rechnung zugrunde gelegten Querschnitt im Mittel $p = 3$ kg/m² beträgt. In dem Luftvolumen, das gegen diesen Druck sekundlich vorgetrieben wird, steckt eine Energiemenge, die wir für den Leistungsnachweis noch beachten müssen. Sie berechnet sich aus $V \cdot p$ in mkg/s oder $V \cdot p/75$ in PS, wenn $V$ die sekundlich geförderte Luftmenge in m³ bedeutet. Diese ergibt sich nach Tab. 23 zu 76,5 m³/s; die entsprechende Leistung beträgt also

$$3 \cdot 76{,}5 = 230 \text{ mkg/s oder rd. } 3 \text{ PS},$$

die im wesentlichen noch der axialen Strahlgeschwindigkeit zugute kommen muß.

Somit ist von den 8,0 PS oder 37,9% der aufgewandten Leistung, deren Verbleib wir zunächst nicht angeben konnten, ein erheblicher Teil, nämlich 3,1 PS = 14,6%, noch als nutzbare, wesentlich in axialem Sinne wirkende Leistung nachgewiesen. Der Rest, den wir auf Wirbelung u. dgl. verweisen müssen, beträgt nur noch 4,9 PS oder 23,3% der aufgewandten Leistung, und mit der Rotationsenergie von 1,1 PS oder 5,2% zusammen sind es 28,5%, die nicht in axiale Luftbeschleunigung umgesetzt sind.

## III. Wirkungsgrad und Gütegrad.

Wenn wir die Schraube als ein Gebläse ansehen, dessen Nutzleistung in axialer Luftförderung bestünde, so betrüge dessen Wirkungsgrad nun also 100,0 — 28,5 = 71,5%. Wir wollen zur Klärung des Vorganges und unseres hier sonst gebrauchten Gütegradsbegriffes schließlich noch darauf hinweisen, wie der hier auftauchende Gebläsewirkungsgrad der Schraube — er möge $\eta$ heißen — mit unserem stets berechneten Gütegrad $\zeta$ zusammenhängt.

$\zeta$ war bestimmt als $\frac{S}{S'}$, d. i. $\frac{\text{wirklich gemessener}}{\text{theoretisch erreichbarer}}$ Axialschub der Schraube; dagegen ist der Gebläsewirkungsgrad

$$\eta = \frac{\text{nutzbare Förderleistung}}{\text{aufgewandte Antriebsleistung}} = \frac{L_n}{L}.$$

Hierin ist nun $L_n$ die Leistung, die genügt, um den wirklich gemessenen Schub $S$ verlustlos zu erzeugen; anderseits ist $S'$ der Schub, der erzeugt würde, wenn man die ganze aufgewandte Leistung $L$ verlustlos in axiale Strömung umsetzen könnte. Die Zähler und die Nenner der beiden Ausdrücke hängen also durch je eine Gleichung der Form zusammen, die wir, von den Beiwerten abgesehen, von vornherein als unbestrittene Grundlage der Schraubenstrahltheorie aufgestellt haben:

$$S = \sqrt[3]{2 \frac{\gamma}{g} F L^2}.$$

Es ist also stets:

$$S \sim L_n^{2/3} \text{ und } S' \sim L^{2/3}.$$

Infolgedessen gilt für die obigen Quotienten

$$\frac{S}{S'} = \left(\frac{L_n}{L}\right)^{2/3}, \text{ d. h. } \zeta = \eta^{2/3}.$$

Für den Gebläsewirkungsgrad $\eta$ fanden wir oben 71,5%. Demnach ist für den Gütegrad unserer Schraube zu erwarten:

$$\zeta = 0{,}715^{2/3} = 79{,}5\ \%,$$

was in der Tat fast genau mit dem aus der unmittelbaren Messung gewonnenen Gütegrad (79%, s. Tab. 23) übereinstimmt.

## Zusammenfassung.

1. Die Geschwindigkeitsmessungen an der Luftschraube am Stand, die im Laufe der Luftschraubenuntersuchungen vorgenommen wurden, gestatten die Zerlegung der Bewegungsenergie im Strahl in ihre axialen, tangentialen und radialen Anteile und damit die Aufstellung einer Leistungsbilanz.

2. Die so berechneten Werte für Schub und Drehmoment stimmen mit den unmittelbar gemessenen gut überein, der erstere überraschend genau.

---

[2]) In der Zeichnung ist versehentlich $\left(\frac{v}{\psi}\right)^2 \cdot r \cdot \text{tg}\,\tau$ an Stelle von $\left(\frac{v}{\psi}\right)^2 \cdot r^2 \cdot \text{tg}\,\tau$ geschrieben worden.

[1]) Vgl. Fig. 240.

3. Von der gemessenen Antriebsleistung an der Schraubenwelle sind im Strahl nachgewiesen:

| | | |
|---|---|---|
| | 56,9% | als axiale Strömungsenergie, |
| | 14,6% | als Spannungsenergie (Überdruck), |
| zus. | 71,5% | nutzbare Förderenergie. |
| Ferner | 5,2% | als tangentiale Verlustenergie (Rotation des Strahles), |
| Rest | 23,3% | nicht nachweisbar, also durch Wirbel verzehrt. |
| | 100,0. | |

4. Die nutzbare Förderenergie von 71,5% (Wirkungsgrad als Gebläse) entspricht, in Übereinstimmung mit dem direkten Messungsergebnis, einen »Gütegrad« von 79,5% als Luftschraube; denn $0{,}715^{2/3} = 0{,}795$.

## 2. Erweiterte Theorie des Wirkungs- und Gütegrades bei Schrauben am Stand und in Fahrt.

(Weiterer Nachtrag zu den Lindenberger Luftschrauben-Untersuchungen.)

Von F. Bendemann.

### I. Der Gütegrad der Treibschraube.

Im vorigen Abschnitt[1]) haben wir gezeigt, daß sich aus einer sorgfältigen Aufnahme der Strömungsgeschwindigkeiten und -richtungen hinter einer Luftschraube am Stand die erzeugte Schubkraft sehr genau berechnen und ein zutreffender Nachweis der Energieverluste gewinnen läßt. Die Zusammenstellung der verschiedenen Energiebeträge, das ist die »Leistungsbilanz des Schraubenstrahles«, lieferte einen Wirkungsgrad der als Gebläse betrachteten Schraube, der in genau richtigem Verhältnis stand mit dem früher schon auf ganz anderem Wege berechneten Gütegrad, nämlich nach der im Anfang unserer Arbeiten[2]) aufgestellten Theorie der verlustlosen Schraube aus den unmittelbar gemessenen Werten von Schub- und Antriebleistung. Damit ist ein weiterer Beweis für die grundsätzliche Richtigkeit dieser früher viel angefochtenen, aber auch sonst durchweg bestätigten Theorie erbracht.

Diese Theorie hatten wir seinerzeit, unseren nächsten Zwecken gemäß, auf den Sonderfall der Schraube am Stand beschränkt. Sie jetzt nochmals zugleich mit dem allgemeinen Fall der Schraube in Fahrt darzustellen, wird nicht überflüssig sein. Denn diese im Grunde sehr einfache, in ihren Anfängen schon auf Rankine zurückgehende »Disk«-Theorie, die besonders im Schiffbau als etwas Altbekanntes gilt, ist trotzdem gerade dort noch immer in unvollständigen und unrichtigen Darstellungen verbreitet, und die richtige, aber stark gekürzte Fassung, in der ich sie seit 1911 im Taschenbuch der Hütte[3]) aufgenommen habe, hat so wenig Beachtung gefunden, daß noch ganz neuerdings[4]) eine ausführliche Darstellung fehlerhaft gebracht wurde.

Weiter bedarf aber auch der Zusammenhang von Wirkungsgrad und Gütegrad noch einer Klarstellung, um gewisse Irrtümer auszuschließen. Endlich sind noch gewisse Folgerungen zu ziehen, die einen allgemeinen Einblick in den hauptsächlichen Verlauf der Strömung an einer Treibschraube gestatten.

### II. Der beste Wirkungsgrad.

Aus den gleichen ganz allgemein gültigen Grundsätzen der Mechanik, wie für die Schraube am Stand, läßt sich auch bei fortschreitender Bewegung $v$ (m/s) die größtmögliche Schubkraft $S'$ (kg) angeben und zur wirklichen Kraft $S$ (kg) mittels der Gleichung für den Gütegrad $\zeta$

$$\zeta = \frac{S}{S'} \quad \ldots \ldots \quad (1)$$

in Beziehung setzen. Mit der tatsächlich aufgewendeten Leistung $L$ sind aber der wahre Wirkungsgrad $\eta$ und der bestmögliche $\eta'$ durch die Gleichungen gegeben:

$$\eta = \frac{S v}{L}, \quad \eta' = \frac{S' v}{L} \quad \ldots \ldots \quad (2)$$

Daher kann man statt (1) für die Schraube in Fahrt schreiben

$$\zeta = \frac{S}{S'} = \frac{\eta}{\eta'} \quad \ldots \ldots \quad (3)$$

Zur Ermittelung dieses Wertes gilt es zunächst, den größtmöglichen Wirkungsgrad $\eta'$ zu berechnen.

Der Ursprung des Strahles schreite mit der Fahrgeschwindigkeit $v$ (m/s) durch den erfüllten Raum fort. Die Luft (das Wasser) fließt ihm also mit dieser Geschwindigkeit zu und wird auf die relative Endgeschwindigkeit $v_a$ beschleunigt. $v_a - v = w$ ist die Geschwindigkeitszunahme oder die absolute Endgeschwindigkeit in bezug auf die ruhende Umgebung.

Ist $F_1$ (m²) der Querschnitt des austretenden Strahles, so ist das sekundlich durchfließende Volumen $Q$ (m³/s)

$$Q = F_1 v_a = F_1 (v + w), \quad \ldots \ldots \quad (4)$$

der größtmögliche Rückstoß $S'$ (kg) auf die Treibvorrichtung

$$S' = \frac{\gamma}{g} Q w = \frac{\gamma}{g} F_1 (v + w) w, \quad \ldots \ldots \quad (5)$$

die zu seiner Erzeugung erforderliche Antriebsleistung $L$ (mkg/s)

$$L = S' v + \frac{\gamma}{g} Q \frac{w^2}{2} = S' v + S' \frac{w}{2} = S' \left(v + \frac{w}{2}\right). \quad (6)$$

Das ergibt sich für die Schraube in Fahrt. Für die in der bewegten Flüssigkeit stillstehende Schraube, z. B. die im Windkanal angeblasene, gilt statt Gleichung (6):

$$L = \frac{\gamma}{g} Q \frac{v_a^2}{2} - \frac{\gamma}{g} Q \frac{v^2}{2} = \frac{\gamma}{g} Q \left[\frac{(v+w)^2}{2} - \frac{v^2}{2}\right] =$$
$$= \frac{\gamma}{g} Q \left(v w + \frac{w^2}{2}\right) = S' \left(v + \frac{w}{2}\right), \quad \ldots \quad (6a)$$

also das gleiche Ergebnis.

Aus Gleichung (6) folgt aber der höchstmögliche Wirkungsgrad

$$\eta' = \frac{S' v}{L} = \frac{v}{v + \frac{w}{2}} = \frac{2 v}{2 v + w} \quad \ldots \quad (7)$$

Diese Gleichung läßt sich, wie Prandtl[1]) gezeigt hat, ganz allgemein, auch für ungleichförmige Geschwindigkeiten im Strahl, und für alle Arten von Treibvorrichtungen (Schrauben, Schaufelräder usw.) mit Hilfe des Antriebsatzes nachweisen.

In Gleichung (7) ist die Geschwindigkeitszunahme $w$ unbekannt; sie ergibt sich aber sofort aus (5), wenn man diese, in $w$ quadratische, Gleichung auflöst, wobei wegen der Bedeutung von $w$ das negative Wurzelvorzeichen fortgelassen werden kann:

$$w = \frac{v}{2}\left(-1 + \sqrt{1 + 4 \varphi_1}\right); \quad \ldots \ldots \quad (8)$$

dabei bedeutet die Abkürzung

$$\varphi_1 = \frac{g S'}{\gamma F_1 v^2} = \frac{g S}{\gamma \zeta F_1 v^2}. \quad \ldots \ldots \quad (9)$$

Damit wird (7)

$$\eta' = \frac{4}{3 + \sqrt{1 + 4 \varphi_1}}. \quad \ldots \ldots \quad (10)$$

Dieser Wert, mit $F_1$ gleich der Schraubenkreisfläche $F = \frac{\pi}{4} D^2$, wird vielfach als der »ideale Wirkungsgrad«

[1]) In einer noch nicht veröffentlichten Mitteilung an uns.

[1]) Vgl. S. 30. Dort befinden sich auch die Literaturangaben.

[2]) »Luftschrauben-Untersuchungen« Heft I, S. 10; Zeitschrift f. Fl. u. M. 1910, Heft 14, S. 179.

[3]) »Hütte« Band I, 21. Auflage, S. 359; 22. Auflage, S. 346; vgl. auch Zeitschr. des Ver. d. I. 1910. S. 790.

[4]) Jahrbuch der Schiffbautechnischen Gesellschaft 1917, S. 421; 1918, S. 476 und 503, 504; vgl. auch Zeitschr. f. Fl. u. M. 1916, Heft 13/14, S. 84—86.

der Schraube angenommen. Das ist aber nicht richtig, er liefert vielmehr, wie wir aus der unten abgeleiteten Gleichung (16) folgern können, bei geringer Fahrgeschwindigkeit erheblich zu hohe Wirkungsgrade, im Grenzfall, bei sehr kleinem $v$, den $\sqrt{2}$-fachen Betrag. Es müssen nämlich bei der Berechnung von $Q$ aus Gleichung (4) zusammengehörige Werte von Fläche und Geschwindigkeit eingeführt werden. Man hat also entweder die mittlere Geschwindigkeit am Schraubenkreis, $\frac{v + v_a}{2} = v + \frac{w}{2}$, an Stelle von $v_a$ einzuführen und darf dann $F_1 = F$ setzen, oder man muß die Einschnürung des Strahles hinter der Schraube berücksichtigen. $F_1$ ist dann der schließliche Querschnitt an der Stelle, wo die Austrittsgeschwindigkeit tatsächlich den Wert $v_a = v + w$ erreicht hat, also nach vollendeter Beschleunigung und Einschnürung. Diese kann nicht vor der Schraube beendet sein, weil dann schon hier die Stromlinien nach innen konvex wären, also ein Überdruck im Innern des Strahles bestände, der keine Ursache hat (vgl. Fig. 244 oben).

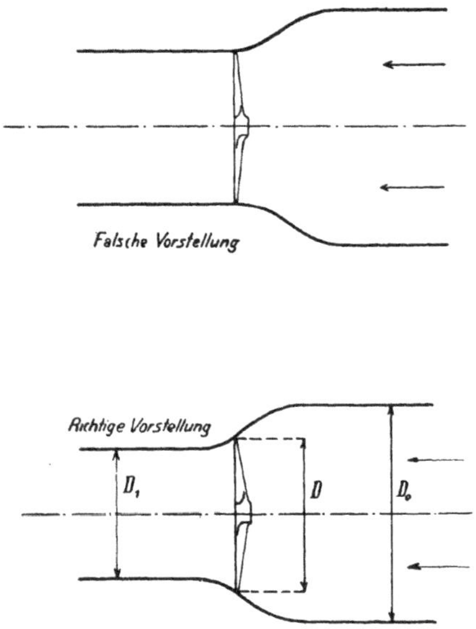


Fig. 244.

Falsche und richtige Vorstellung vom Verlauf der Stromlinien und von der Einschnürung des Strahles.

Der Wendepunkt in den Stromlinien kann nur durch einen Drucksprung verursacht sein, den die Treibvorrichtung erzeugt (Fig. 244 unten). Die wesentliche Wirkung einer Schraube besteht also darin, in ihrer Ebene einen Drucksprung aufrechtzuerhalten, der einerseits als Flächenbelastung

$$p = \frac{S'}{F} \quad \ldots \ldots \ldots \ldots (11)$$

auf ihre Kreisfläche wirkt, anderseits die Strahlbeschleunigung verursacht. Vorn herrscht Unterdruck, der den Strahl heransaugt, hinten Überdruck, der den Strahl forttreibt.

Wir haben also nach dem Energiesatz bei $v = 0$ (Schraube am Stand)

$$p = \frac{S'}{F} = \frac{\gamma}{2g} w^2, \quad \ldots \ldots \ldots (12)$$

allgemein jedoch:

$$p = \frac{S'}{F} = \frac{\gamma}{2g} [(v + w)^2 - v^2] = \frac{\gamma}{g} w \left(v + \frac{w}{2}\right), \quad (13)$$

eine Gleichung, die, wie man sieht, auch unmittelbar aus (5) hervorgeht, wenn man dort, wie oben erwähnt, $F_1$ durch $F$ und $(v + w)$ durch $\left(v + \frac{w}{2}\right)$ ersetzt. Aus (13) folgt dann weiter, wie oben Gleichung (8) aus (5)

$$w = v\,(-1 + \sqrt{1 + 2\varphi}), \quad \ldots \ldots \ldots (14)$$

wo zur Abkürzung, wie in (9),

$$\varphi = \frac{g S'}{\gamma F v^2} = \frac{g S}{\gamma \zeta F v^2} \quad \ldots \ldots (15)$$

eingeführt wurde, und wenn man (14) an Stelle von (8) in Gleichung (7) einführt, erhält man den besten Wirkungsgrad $\eta'$ in Abhängigkeit von der Schraubenkreisfläche selbst:

$$\eta' = \frac{2}{1 + \sqrt{1 + 2\varphi}} \quad \ldots \ldots \ldots (16)$$

Früher[1]) hatten wir diese Gleichung (sie ist 1909 im Austausch zwischen Professor Finsterwalder, Prandtl und Bendemann entstanden) statt durch (6) aus dem Ansatz

$$L = S'(v + v') \quad \ldots \ldots \ldots (17)$$

abgeleitet, worin $v'$ die absolute Durchflußgeschwindigkeit durch die Schraubenebene bedeutet, mit der Begründung: Die Schraube schreitet gegen den Widerstand $S'$ mit der Geschwindigkeit $(v + v')$ fort. Man findet $v' = w/2$ und gelangt ebenfalls zu Gleichung (6). Die obige Schlußfolgerung, bei der $v'$ überhaupt nicht vorkommt, erwies sich gegenüber verschiedenen Zweifeln als einleuchtender, besonders durch den Nachweis[2]), daß für den Ausfluß eines Wasserstrahles aus einer einspringenden Mündung vom Querschnitt $F$ unter dem Gefälle $p$ ganz entsprechende Gleichungen gelten. Auch das Wesen des Vorganges klärt sie besser.

### III. Die Gleichung für den Gütegrad und den größtmöglichen Schub.

Aus dem so gewonnenen größtmöglichen Wirkungsgrad folgt nun nach (3), (16) und (15) auch der Gütegrad der Treibschraube

$$\zeta = \frac{\eta}{\eta'} = \frac{S v}{2 L}\left(1 + \sqrt{1 + \frac{2 g S}{\gamma \zeta F v^2}}\right) \quad \ldots \ldots (18)$$

Bringt man das erste Glied der rechten Seite auf die linke, quadriert und multipliziert mit $2 \frac{\gamma}{g} F L^2 \zeta$, so folgt eine Gleichung dritten Grades für den Gütegrad $\zeta$:

$$2 \frac{\gamma}{g} F L^2 \zeta^3 - 2 \frac{\gamma}{g} F L S v \zeta^2 = S^3, \quad \ldots \ldots (19)$$

die man zum Zwecke der bequemeren Auflösung durch $\zeta^3$ dividieren und folgendermaßen schreiben kann:

$$\left(\frac{S}{\zeta}\right)^3 + 2 \frac{\gamma}{g} F L v \left(\frac{S}{\zeta}\right) - 2 \frac{\gamma}{g} F L^2 = 0, \quad \ldots (20)$$

oder wegen (1) eine Gleichung für den größtmöglichen Schub

$$S'^3 + 2 \frac{\gamma}{g} F L v S' - 2 \frac{\gamma}{g} F L^2 = 0. \quad \ldots (20a)$$

Hieraus erhält man für $v > 0$ in bekannter Weise, am besten durch zeichnerische Auflösung, die größtmögliche Schubkraft $S' = \frac{S}{\zeta}$ oder $\zeta$ selbst in Abhängigkeit von der Schraubenkreisfläche $F$, der Antriebleistung $L$ und der Fahrgeschwindigkeit $v$.

Für $v = 0$, d. h. für die Schraube am Stand, folgt einfach die früher[1]) abgeleitete Formel:

$$S' = \sqrt[3]{2 \frac{\gamma}{g} F L^2}, \quad \ldots \ldots \ldots (21)$$

nach der man sich einen Überblick[3]) über die von Hubschrauben erreichbare Tragkraft verschaffen kann.

[1]) Vgl. Anm. 1 auf S. 33.

[2]) Vgl. S. 30 links, auch Anm. 2.

[3]) Logarithmische Darstellung der Gleichung $S' = \sqrt[3]{2 \frac{\gamma}{g} F L^2}$ siehe »Luftschrauben-Untersuchungen«, Heft II, 1912, S. 29; Z. f. Fl. u. M. 1912, S. 131.

## IV. Wirkungsgrad und Schraubenfläche.

Im allgemeinen Falle ($v > 0$) aber lassen sich, besser als aus Gleichung (20), aus (16) wertvolle Schlüsse auf den bestmöglichen Wirkungsgrad ziehen: Löst man diese Gleichung nach $\frac{\varphi}{2}$ auf und führt aus (15) dessen Wert ein, so folgt

$$\frac{1-\eta'}{\eta'^2} = \frac{g S'}{2\gamma F v^2} = \frac{g S}{2\gamma\zeta F v^2}, \quad . \quad . \quad . \quad . \quad (22)$$

also eine Beziehung zwischen der größtmöglichen Flächenbelastung $\frac{S'}{F}$, der Geschwindigkeit $v$ und dem besten Wirkungsgrad $\eta'$, mit der nicht viel anzufangen ist. Ersetzt man aber $\zeta$ nach (3) durch $\frac{\eta}{\eta'}$ oder $\frac{S v}{L \eta'}$, so ergibt sich

$$\frac{1-\eta'}{\eta'^3} = \frac{g L}{2\gamma F v^3}, \quad . \quad . \quad . \quad . \quad . \quad (23)$$

also eine sehr brauchbare Beziehung zwischen $\eta'$, $v$ und der Flächenleistung $\frac{L}{F}$. Man erkennt aus (22) und (23) zunächst, daß hoher Wirkungsgrad nur möglich ist, wenn die Flächenbelastung $S/F$ oder die Flächenleistung $L/F$, also die Zahl der Pferdestärken auf 1 m² der Schraubenkreisfläche, nicht zu hoch sind gegenüber der Fahrgeschwindigkeit $v$. Die hierdurch gezogene Grenze ist unüberschreitbar; Versuche mit Schrauben für höhere Belastung, die also mit kleinerem Durchmesser bei höheren Drehzahlen auskommen sollen, sind aussichtslos. In Fig. 245 ist dieser Zusammenhang nach Gleichung (23) dargestellt. Man kann aus ihr die zulässige Flächenleistung für gegebene Verhältnisse und einen verlangten Höchstwirkungsgrad abgreifen und danach die mindest erforderliche Schraubenkreisfläche $F$ und den Durchmesser $D$ bestimmen. Der wirkliche Wirkungsgrad ist je nach der Güte der Schraubenform, das heißt also je nach dem Gütegrad, geringer.

## V. Theoretischer Strömungsverlauf.

Untersuchen wir zum Schluß noch den Strömungsverlauf, wie er sich im Idealfalle aus unseren Formeln ergibt. Durch Betrachtung der zusammengehörigen Werte von Querschnitt und Geschwindigkeit folgt

$$Q = F_1 (v + w) = F\left(v + \frac{w}{2}\right) = F_0 \cdot v, \quad . \quad . \quad (24)$$

wo $F_0$ den Querschnitt der an die Schraube heranströmenden Flüssigkeit bedeutet.

Wenn wir daher als weitere Abkürzung

$$\Phi = \sqrt{1 + 2\varphi} = \sqrt{1 + \frac{2 g S}{\gamma \zeta F v^2}} \quad . \quad . \quad . \quad . \quad (25)$$

setzen, also statt (14)

$$w = v(-1 + \Phi) \quad . \quad . \quad . \quad . \quad . \quad . \quad . \quad . \quad (26)$$

schreiben, so folgt aus Gleichung (24)

$$F_1 = \frac{1}{2} F\left(1 + \frac{v}{v+w}\right) = \frac{1}{2} F\left(1 + \frac{1}{\Phi}\right) = \frac{F}{2 - \eta'} \quad (27)$$

und

$$F_0 = \frac{1}{2} F\left(2 + \frac{w}{v}\right) = \frac{1}{2} F (1 + \Phi) = \frac{F}{\eta'}, \quad . \quad . \quad (28)$$

weil nach (16) und (25)

$$\eta' = \frac{2}{1 + \Phi} \quad . \quad . \quad . \quad . \quad . \quad . \quad . \quad . \quad . \quad (29)$$

ist.

Wir können also die Zusammenziehung des angesaugten und die Einschnürung des ausgeblasenen Schraubenstrahles aus dem Höchstwirkungsgrad $\eta'$ berechnen, denn es ist

$$\frac{F}{F_0} = \eta', \quad . \quad . \quad . \quad . \quad . \quad . \quad . \quad . \quad . \quad . \quad . \quad (28a)$$

$$\frac{F_1}{F} = \frac{1}{2 - \eta'} \quad . \quad . \quad . \quad . \quad . \quad . \quad . \quad . \quad . \quad (27a)$$

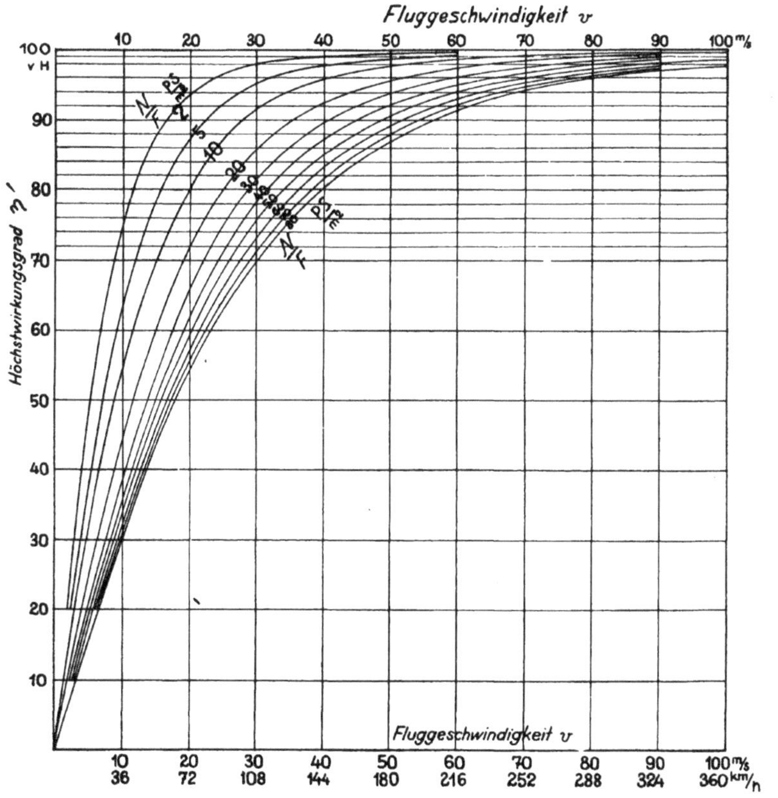


Fig. 245. Luftschrauben-Höchstwirkungsgrad, abhängig von Fluggeschwindigkeit und Flächenleistung des Schraubenkreises für die Luftdichte $\varrho = \frac{\gamma}{g} = \frac{1}{8}$.

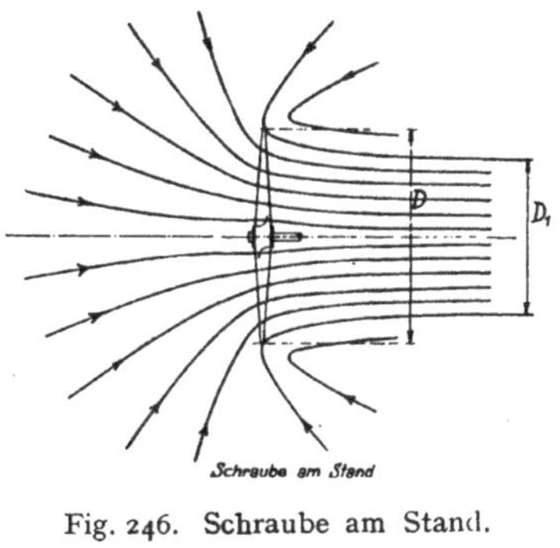


Fig. 246. Schraube am Stand.

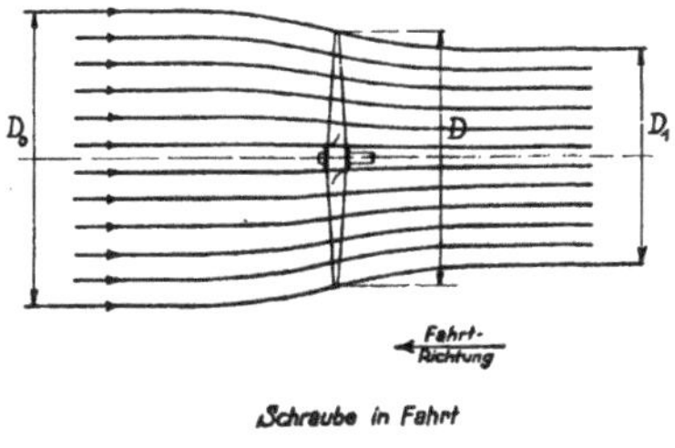


Fig. 247. Schraube in Fahrt.

Für $v = 0$ (Schraube am Stand) wird $\eta' = 0$, also $F_0 = \infty$ und $F_1 = \frac{1}{2} F$, d. h. die Luft fließt von allen Seiten, auch aus dem Raum hinter der Schraubenkreisfläche (mit Ausnahme des Strahles selbst) durch die Schraube (Fig. 246). Hinter dieser verengt sich der Strahl auf die Hälfte der Schraubenkreisfläche. Schreitet die Schraube langsam fort, so hat der Strahl schon vor ihr eine bestimmte Grenze (Fig. 247). Die außerhalb des nunmehr endlichen Ansaugequerschnittes $F_0$ befindliche Luft geht nicht mehr durch die Schraube. Bei größerem $v$ wird die Einschnürung immer schwächer, bis im äußersten Falle, für $v = \infty$, $\eta' = 1$, also $F_0 = F_1 = F$ wird; es findet keine Einschnürung und daher keine Geschwindigkeitszunahme mehr statt. Der beste Wirkungsgrad wird zwar 1, aber der größte Schraubenschub $S'$ wird Null.

Bei den praktischen Fluggeschwindigkeiten und einer bestmöglichen Flächenbelastung von $p = 50$ kg/m² ergeben sich beispielsweise folgende Strahldurchmesser vor und hinter der Schraube:

Für $v = 30$ m/s ($V = 108$ km/h) : $D_0 = 1{,}18\,D$, $D_1 = 0{,}92\,D$,
für $v = 50$ m/s ($V = 180$ km/h) : $D_0 = 1{,}04\,D$, $D_1 = 0{,}96\,D$.

### VI. Zusammenfassung.

1. Der durch alle Luftschraubenuntersuchungen am Stand bewährte Gütegradbegriff wird auf die Treibschraube in Fahrt ausgedehnt und im Zusammenhang mit dem größtmöglichen Wirkungsgrad erörtert.

2. Der Gütegrad, der größtmögliche Schub und der beste Wirkungsgrad werden in Abhängigkeit von der Dichte des Mittels, der Fahrtgeschwindigkeit und der günstigsten Flächenbelastung, sowie der wirklichen Flächenleistung dargestellt.

3. Der letztere Zusammenhang führt zu einer zeichnerischen Darstellung, aus der man von den drei Größen Flächenleistung, Geschwindigkeit und Bestwirkungsgrad eine abgreifen kann, wenn die beiden anderen gegeben sind.

4. Im Anschluß daran wird der Strömungsverlauf der verlustlosen Schraube untersucht und vor allem für das Verhältnis des Ansaugequerschnittes und des engsten Strahlquerschnittes zum Schraubenkreis eine einfache Beziehung zum Bestwirkungsgrad gefunden.

## 3. Anwendung der Einzelergebnisse beim Entwurf von Fahrtschrauben.

Die Nutzanwendung der Ergebnisse auf Treibschrauben liegt in der Beachtung der allgemeinen Regeln und Gesetzmäßigkeiten, die sich im Verlauf der Versuche nachweisen ließen. Sie sind in der praktischen Flugtechnik seither in der Tat schon weitgehend beachtet worden. Die heute gebräuchlichen Treibschrauben von Luftschiffen und Flugzeugen halten sich durchweg eng an die nach unseren Versuchen bewährten Profilformen, und viele Konstrukteure haben, wie wir wissen, systematisch aus unseren Veröffentlichungen geschöpft. Das völlige Verschwinden von ungünstigen Formen mit scharfen Eintrittskanten, Unstetigkeiten auf der Saugseite u. dgl. dürfen wir also mit als eine Frucht unserer Arbeiten in Anspruch nehmen. Anderseits finden wir in dem, was sich in der praktischen Anwendung bewährt hat, manche schöne Bestätigung für die Richtigkeit der von uns ans Licht gezogenen Erkenntnisse, deren Bedeutung zu würdigen, man heute daran erinnern darf, daß zur Zeit unserer ersten Veröffentlichungen fast alle Luftschraubenkonstrukteure noch nach dem alt überkommenen Verfahren des Schiffbauers auf sorgfältigste Berechnung und Formgebung der Druckseite ganz nutzlose Mühe verschwendeten, die Eintrittsrundung und Saugseite dagegen nebensächlich und vielfach sehr falsch behandelten.

Daß eine unmittelbare, zahlenmäßige Anwendung der Standversuche bei Treibschrauben nicht in Betracht kommen kann, war von Anfang an vorauszusehen. Dazu wird man vielleicht erst dann einmal gelangen, wenn durch größere Reihen von systematischen Fahrtversuchen mit Schrauben oder durch eine viel weitergehende Analyse des Strömungsvorganges in der Schraube eine genügende Verknüpfung der verschiedenartigen Erscheinungen möglich geworden sein wird.

## 4. Berechnungsbeispiel für Hubschrauben.

Die zahlenmäßige Anwendung auf Stand- oder Hubschrauben, die keine fortschreitende Bewegung zum umgebenden Luftmeere haben, ist dagegen sehr einfach. Man hat nur die von uns zur vergleichenden Bewertung der Versuchsergebnisse aufgestellten und durchweg benutzten Formeln in entsprechender Umkehrung anzuwenden, unter Einsatz der aus den Versuchen zu entnehmenden Zahlenwerte. Wir stellen, um den Leser rasch auf den richtigen Weg zu bringen, noch kurz den einfachen Berechnungsgang einer Schraube in einem Zahlenbeispiel zusammen.

Verlangt sei eine Standschraube, die bei einem Durchmesser von nicht mehr als $2\,R = 8$ m und bei einer Antriebsleistung von $N = 100$ PS die größtmögliche Schubkraft $P$ entfaltet, und zwar bei einer möglichst hohen Drehzahl, damit die Übersetzung vom raschlaufenden Motor her möglichst klein sei.

Um die größtmögliche Schubkraft zu erzielen, ist der zugelassene Durchmesser von 8 m selbstverständlich voll auszunutzen. $P$ ergibt sich aus der theoretischen Höchstkraft $P'$ und dem praktisch erreichbaren Gütegrad $\zeta$.

$$P = \zeta \cdot P' = \zeta \sqrt[3]{2\,\varrho F L^2} \text{ in kg (vgl. Heft I, S. 10)},$$

wobei bedeutet

$F = R^2 \pi$ die Schraubenkreisfläche,

$L = 75\,N$ die Antriebsleistung in mkg/s,

$\varrho = \frac{\gamma}{g}$ das Gewicht eines m³ Luft; Grundwert, auf den alle unsere Versuchszahlen bezogen sind: $\frac{\gamma}{g} = \frac{1{,}200}{9{,}81} = 0{,}1224$.

Als praktischen Höchstwert von $\zeta$ wollen wir, um sicher zu gehen, nur 78% annehmen, obwohl unsere Versuche diesen Wert häufig überschritten haben. Wir erhalten dann

$$P = 0{,}78 \sqrt[3]{2 \cdot 0{,}1224 \cdot 50{,}26 \cdot 7500^2} = 0{,}78 \cdot 885 = 690 \text{ kg}.$$

Die theoretische Höchstkraft $P' = 885$ hätten wir übrigens auch ohne Rechnung aus der graphischen Darstellung obiger Gleichung, Fig. 159, Heft II, S. 29, schon ziemlich genau ablesen können.

Für diese Höchstlast, die also durch eine Schraube oder durch eine gleichachsige Schraubenkombination von 8 m Durchmesser nicht überschritten werden kann (von der möglichen Steigerung des Gütegrades um einige Hundertstel abgesehen), lassen sich nun sehr verschiedene Schrauben konstruieren. Die Aufgabe wird erst bestimmt durch die zusätzliche Bedingung betreffend die anzuwendende Drehzahl. Um möglichst hohe Drehzahl ($n$) bzw. hohe Umfangsgeschwindigkeit ($u$) zu erhalten, müssen wir eine Form mit hoher Kraftausnutzungszahl ($C$) und geringer Flächenausnutzungszahl ($p$) aus dem vorliegenden Versuchsmaterial auswählen. Denn für Standschrauben gilt immer die wichtige Beziehung

$$\frac{P}{L} = \frac{C}{u}, \text{ woraus } u = C\frac{L}{P}.$$

Die Kraftausnutzungszahl $C$ kennzeichnet also im Sinne der Schraubenberechnung eigentlich die Schnelläufigkeit der verschiedenen Schraubenformen. Um die Auswahl treffen zu können und zugleich eine Übersicht über das mögliche Drehzahlbereich zu gewinnen, stellen wir uns einmal die betreffenden Zahlen für die in Betracht kommenden Versuchsschrauben zusammen.

Tabelle 24.

| Bei $\zeta = 0{,}78$ liefert: | | Kraftausnutzung C | Flächenausnutzung p |
|---|---|---|---|
| unsere »Schraube I« (Fig. 155) | mit $\alpha = -3^0$ | 7,1 | 0,79 |
| » » » » | » $\alpha = +3^0$ | 6,0 | 1,12 |
| die Schraube nach Finsterwalder-Kimmel (Fig. 158) | mit $\alpha = -2{,}5^0$ | 8,6 | 0,54 |
| | » $\alpha = +3^0$ | 6,7 | 0,89 |
| Schraube II (Fig. [237]), 2-flügelig | » $\alpha = -4^0$ | 9,5 | 0,45 |
| » » » » | » $\alpha = +6^0$ | 6,8 | 0,87 |
| » » » 3-flügelig | » $\alpha = -2^0$ | 7,9 | 0,65 |
| » » » » | » $\alpha = +6{,}5^0$ | 6,7 | 0,90 |
| » » » 4-flügelig | » $\alpha = -0{,}5^0$ | 7,0 | 0,82 |
| » » » » | » $\alpha = +10^0$ | 5,0 | 1,62 |

Die Werte von $C$ sind überall bequem aus den Versuchskurven abzugreifen; die für diese Rechnung nicht unmittelbar nötigen, nur zur Übersicht hinzugefügten Werte $\mathfrak{p}$ sind danach aus der Beziehung

$$\mathfrak{p}\, C^2 = 2\, \varrho\, \pi \left(\frac{\pi}{0{,}3}\right)^2 \cdot \zeta^3 = 84{,}5\, \zeta^3$$

leicht auszurechnen, wo sie nicht ebenfalls bequem aus demselben Schaubild mit $C$ abzugreifen sind.

In dieser Übersicht liefert nun das größte $C$ die Schraube II in zweiflügeliger Anordnung und mit einer Flügeleinstellung von $\bar{\alpha} = -3{,}8^0$, also um dieses Maß flacher gestellt als in ihrer Konstruktionsgrundstellung. Dabei ist $C = 9{,}5$. Diese zweiflügelige Schraube, mit 8 m Durchmesser in geometrischer Ähnlichkeit nach dem Vorbild der Fig. 237 ausgeführt, erfüllt also am besten, soweit das vorliegende Versuchsmaterial reicht, die gestellte Bedingung. Es ergibt sich

$$u = C\frac{L}{P} = 103 \quad \text{und daraus mit } R = 4\text{ m}$$

$$n = 246.$$

Wäre umgekehrt die Aufgabe gestellt, die Last mit möglichst kleiner Drehzahl zu heben, so müßte man die Form mit kleinster Kraftausnutzung $C$ wählen, also dieselbe Flügelform, jedoch mit 4 Flügeln und in einer Einstellung von $+10^0$ gegen die Konstruktionsgrundstellung. Mit $C = 5{,}0$ ergibt sich dann $u = 54{,}3$ oder $n = 130$.

Das Beispiel zeigt uns also die Grenzen, innerhalb deren man nach dem vorliegenden Versuchsmaterial die Drehzahl für eine verlangte Schubkraft bei gegebenem Durchmesser beliebig wählen kann.

Ohne Zweifel würde man durch weitere Bereicherung des Versuchsmaterials diese Grenzen noch um ein gutes Stück erweitern können, besonders im Sinne noch niedrigerer Drehzahl. Einige Hundertstel an dem hier mit 78% zugrunde gelegten Gütegrad lassen sich, wie schon bemerkt, sicher noch gewinnen. Aber zu solcher Weiterführung der Versuche ist, da irgendeine Nutzanwendung von Standschrauben für praktische Zwecke auch bei dem besten erreichbaren Gütegrad einstweilen nicht abzusehen ist, kein genügender Grund vorhanden, der den Aufwand an Zeit und Kosten rechtfertigen würde. Man dürfte sich dann ja nicht mehr, wie wir es bei der Mehrzahl der Versuche getan haben, auf einfach herstellbare und nur zu grundsätzlichen Vergleichen geeignete Versuchsflügelformen beschränken, sondern man müßte große Reihen von gut gearbeiteten, vollständigen Schrauben herstellen, die dann im allgemeinen nicht einmal den Vorteil der Einstellbarkeit hätten, deren jede also nach der kurzen Erprobung nicht weiter verwendbar wäre. Aus diesem Grunde haben wir uns, wie zum Schlusse nochmals betont sei, darauf beschränkt, nur wenige einzelne Beispiele guter, vollständiger Schraubenformen durchzunehmen.

Als abschließendes Ergebnis unserer Arbeit bleibt:

die klare, theoretisch begründete und durch alle Versuche bestätigte Feststellung der Leistungsgrenzen der Luftschraube am Stand

und

die systematische, auch für Schrauben in Fahrt qualitativ maßgebende Ermittelung des Einflusses aller wesentlichen Möglichkeiten der Flügelform.

# Anhang 1.

## Drehmomentmessung, Kolbendynamometer.

(Von Dr.-Ing. C. Schmid.)

Die Dynamometer, die bei den ersten Versuchen benutzt wurden, sind im Anfang des ersten Berichts der Geschäftsstelle[1]) beschrieben. Diese haben sich jedoch aus a. a. O. erwähnten Gründen als nicht sehr geeignet erwiesen, so daß wir uns zur Schaffung eines anderen genötigt sahen. Mit diesem nachfolgend beschriebenen wurden sämtliche Versuche von einschließlich Abschnitt 4[2]) an durchgeführt.

[1]) Luftschrauben-Untersuchungen Heft I, 1911, S. 4; Z. f. Fl. u. M. 1910, S. 144.

[2]) Siehe Anm. 1 auf S. 10 rechts.

Das Dynamometer, Fig. 248, beruht auf dem Prinzip des hydraulischen Preßkolbens. Die Wirkungsweise ist folgende: das vom Kegelrad $Z_1$ angetriebene Zahnrad $Z_2$ sitzt nicht fest auf der Schraubenwelle, sondern dreht sich um einen mit der Welle konzentrischen hohlen Zapfen, der am Gehäuse der Maschine festsitzt (in der Figur nicht ersichtlich). Ein im Zahnrad festsitzender Mitnehmerbolzen $B$ überträgt folgendermaßen das Drehmoment über den Meßkolben nach der Schraubenwelle: der Mitnehmerbolzen $B$ legt sich gegen das eine Ende eines zweiarmigen Hebels $H$, der in einem auf der Schraubenwelle festgekeilten Arm $A$ drehbar gelagert ist; das andere

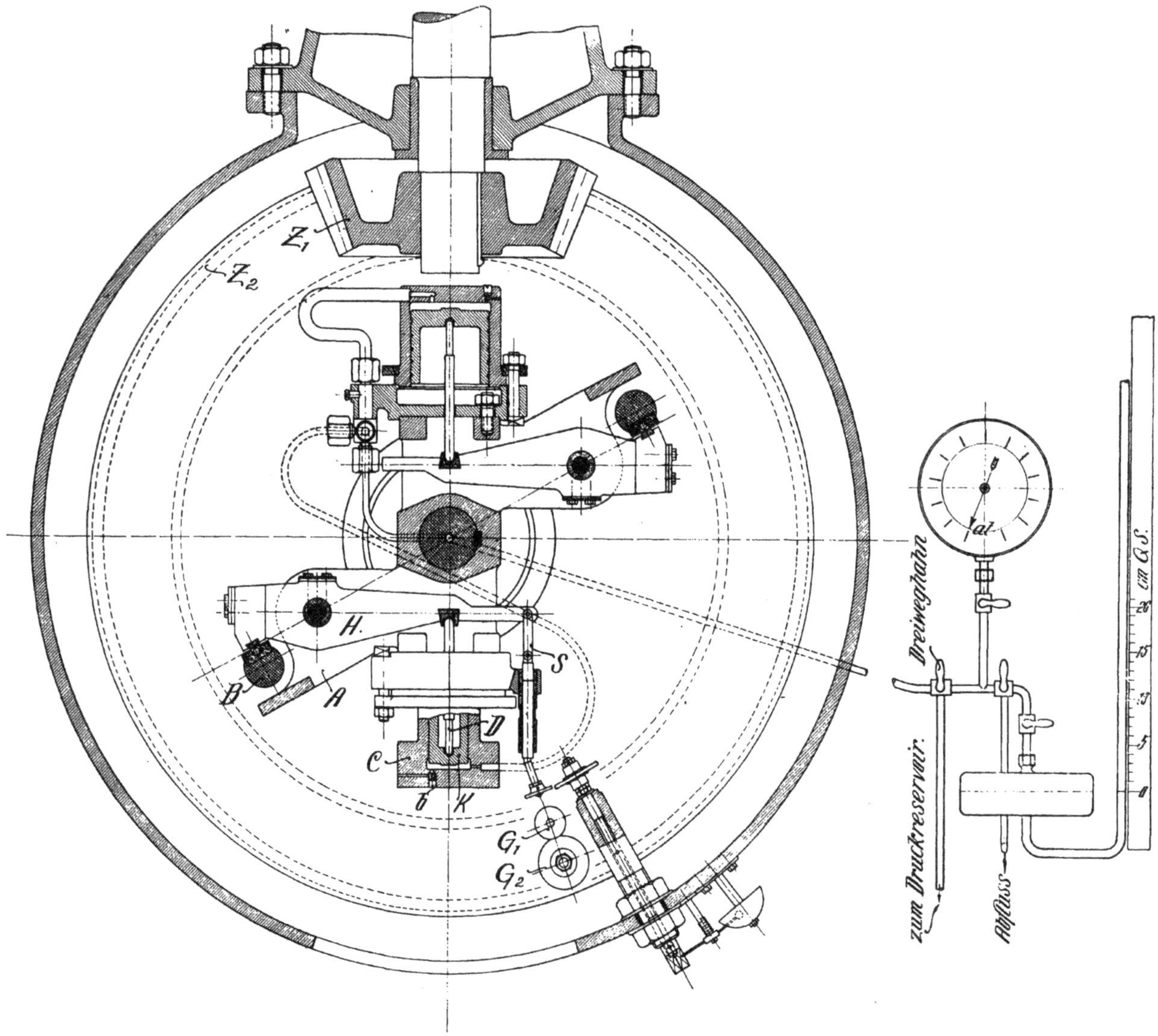


Fig. 248. Dynamometer im Schnitt mit Manometer.

Ende des Hebels überträgt den Druck mittels Druckstange $D$ auf den beweglichen Kolben $K$, dessen Zylinder $C$ mit dem Arm $A$ fest verbunden ist. Kolben und Zylinder sind von der Firma Amsler & Laffon, Schaffhausen, aus Stahl sehr sorgfältig hergestellt, so daß der Kolben bei sehr leichter Beweglichkeit bis zu den höchst vorkommenden Drücken (ca. 12 Atm.) dichthält. Die an der höchsten Stelle des Zylinders angebrachte Bohrung $b$ dient dazu, vor dem Betrieb etwaige Luft aus Leitungen und Zylinder herauszulassen.

Die relative Stellung des Kolbens zum Zylinder mußte zwecks Regulierung nach außen hin angezeigt werden, da der Kolben, wie wir nachher sehen werden, immer in einer bestimmten Lage arbeiten muß. Um dies zu erreichen, verschiebt sich parallel zur Kolbenachse eine Signalstange $S$, die mit dem Ende des Hebels $H$ gelenkig verbunden ist. Am äußeren Ende dieser Stange sitzt eine Metallscheibe $G_1$, die in einer bestimmten, der Kolbenstellung entsprechenden Lage, eine über ihr befindliche Gummischeibe $G_2$ an deren Umfang streift. Der Durchmesser dieser letzteren ist so groß gewählt (ca. 60 mm), daß sie die verschieden starken Anschläge infolge der vertikalen Verschiebung der Scheibe $G_1$ (dem Ausschlag der Dezimalwage entsprechend) leicht aushält. Gegen seitliches Ausknicken ist sie durch Blechscheiben von etwas kleinerem Durchmesser gesichert.

Die Gummischeibe $G_2$ sitzt auf einem im Maschinengehäuse drehbaren Bolzen, dessen axiale Lage durch Bund genau fixiert ist. Ein Dreikant am äußeren Ende des Bolzens betätigt bei der Drehung den Klöppel einer Glocke. Diese ertönt also nur, wenn der Kolben sich in der gewünschten Meßstellung befindet. Eine axiale Verschiebung des Kolbens aus dieser Lage um $\pm$ 1,5 mm, wie sie höchstens im Betrieb vorkommt, wurde zugelassen, da eine solche nur einen ganz geringen Fehler verursacht.

Um den Dynamometerkolben während des Betriebes in der richtigen Stellung zu halten, mußte die Flüssigkeitsmenge zwischen Kolben und Manometer (dem Ausschlag des Manometers entsprechend) reguliert werden. Dies geschieht durch einen in die Leitung eingebauten Dreiweghahn, mit dem man diese mit einem Druckreservoir oder mit einem freien Abfluß verbinden kann. Die Änderung der Flüssigkeitsmenge ist in nur sehr geringem Umfange nötig, so daß eine von vornherein vorgesehene und durchkonstruierte automatische Regulierung erspart werden konnte; die Regulierung von Hand war mit keinem Zeitverlust verknüpft.

Als Druckflüssigkeit wurde ein nicht sehr zähes Öl verwendet, das bei einer Temperatur von 10 bis 15° ein spezifisches Gewicht von ca. 0,913 hat. Bei höherer Temperatur hat sich auch dickflüssigeres Dynamoöl gut bewährt. Das Öl schmiert einerseits den Kolben, dämpft anderseits die oft sehr stark auftretenden Schwankungen. Eine weitere Dämpfung der Stöße durch einen am höchsten Punkt der Ölleitung eingebauten Luftkessel hat sich bald als überflüssig erwiesen.

Die Druckflüssigkeit wird aus dem Zylinder nach der hohlen Schraubenwelle, aus dieser mittels einer am unteren Ende der Welle befindlichen Stoffbuchse nach dem Manometer geleitet. Die Stoffbuchse wird durch den Wägehebel gestützt. Die kleinen, in der Richtung der Wellenachse auftretenden Flüssigkeitsdrücke werden dadurch aufgehoben.

Zum Ablesen des Druckes diente ein einfaches Quecksilbermanometer (Fig. 248) mit einer ca. 225 cm langen Glasröhre und Zentimeterskala. Der Innendurchmesser des Steigrohres beträgt ca. 0,3 cm, der des Quecksilbergefäßes ca. 4 cm, so daß bei der größten Höhe der Quecksilbersäule der Spiegel im Gefäß 0,1 cm sinkt. Der Fehler ist also kleiner als 0,5‰.

Bei Drücken über 3 Atm. wurde ein großes Federmanometer von Schäffer & Budenberg mit sehr feiner Skalenteilung benutzt. Es wurde von Zeit zu Zeit mit einem mit Gewichten belasteten Preßkolben von genau bekanntem Durchmesser kontrolliert. Die Differenzen waren stets nur gering (kleiner als ½%).

Da nicht vorauszusehen war, daß die Stoffbuchse, Kolben und Verbindungen bei hohen Drücken dicht halten, waren für größere Drehmomente zwei weitere Kolben mit größeren Durchmessern und für ganz hohe eine Kombination von zwei Kolben vorgesehen. Wir kamen jedoch bei den höchst vorkommenden Drehmomenten mit einem Kolben aus.

Daß auch dieses neue Dynamometer nicht ganz ohne Nachteil und Fehlerquellen sein konnte, darüber waren wir uns von vornherein klar. Der Hauptnachteil ist folgender. Vom Manometer wird nicht allein der Druck, der durch das Drehmoment an der Schraubenwelle verursacht wird, angezeigt, sondern es ist darin noch der Zentrifugalkraftdruck von Kolben und Gestänge enthalten, soweit dieser nicht durch die entgegenwirkende Zentrifugalkraft der Flüssigkeit zwischen Dynamometer und Schraubenwelle aufgehoben wird.

Die tangentiale Anordnung der Kolbenachse hätte diesen Nachteil beseitigt. Sie war aber bei den gegebenen Raumverhältnissen nicht möglich, abgesehen davon, daß der Druck des Kolbens auf die Zylinderwandung bei den erforderlichen Abmessungen nicht unerheblich gewesen wäre. Der Hebel $H$ ist in bezug auf seine Drehachse durch Bleiplatten ($P$) vollständig ausbalanciert, übt also bei der Rotation auf die Flüssigkeit keinen Druck aus. Die mit ihm verbundene Signalstange $S$ ist absichtlich nicht mit ausgewuchtet, damit der Hebel $H$ und die Druckstange auch bei Rückwärtsgang und ganz kleinen Drehmomenten der Bewegung des Kolbens folgen.

## Berechnung des Korrektionsfaktors und Drehmomentmaßstabes.

Die für die Berechnung erforderlichen Gewichte (Kolben und Druckstange) und Abmessungen sind aus der schematischen Skizze Fig. 249 und der Tabelle 25 ersichtlich. Das Gewicht der Signalstange beträgt $G_S = 0{,}2$ kg; dieses entspricht, auf den Schwerpunkt des Kolbens bezogen, einem Gewicht

$$G'_S = G_S \cdot \frac{0{,}240 \cdot 0{,}178 \cdot 0{,}198}{0{,}150 \cdot 0{,}198 \cdot \varrho} = 0{,}0568 \cdot \frac{1}{\varrho}.$$

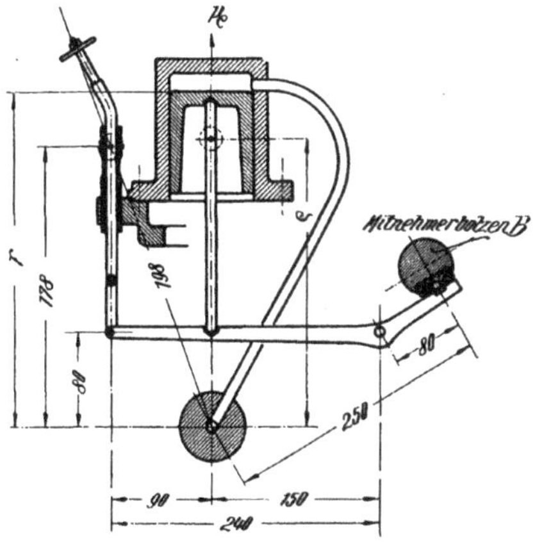


Fig. 249.
Schema des Dynamometers.

$\varrho$ bedeutet darin den Schwerpunktsabstand des Kolbens einschließlich Kolbenstange von Wellenmitte in $m$ (die Lage des Schwerpunktes wurde durch Aufhängen ermittelt). Die Werte von $G'_S$ sind für die einzelnen Kolben in der Tabelle I eingetragen.

Es sei ferner $G_K$ das Gewicht des Kolbens mit Druckstange, dann ist das Gesamtgewicht der auf die Flüssigkeit drückenden rotierenden Massen

$$G = G_K + G'_S.$$

Dieses erzeugt bei der Rotation eine Zentrifugalkraft

$$P_C = \frac{G}{g} \cdot \varrho \cdot \omega^2,$$

wobei $g$ die Erdbeschleunigung und $\omega$ die Winkelgeschwindigkeit bedeutet.

Bei einer Kolbenfläche $F$ qm ist daher $p_C = P_C/F$ der Zentrifugalkraftdruck pro Flächeneinheit.

Die Zentrifugalkraft der Flüssigkeit in der Leitung zwischen Zylinder und Welle wirkt der eben errechneten entgegen; sie beträgt

$$p_f = \int_0^r \frac{\gamma_f}{g}\,\omega^2 r\,dr = \frac{\gamma_f}{g}\,\frac{r^2}{2}\cdot\omega^2,$$

wenn $r$ der Abstand der Kolbendruckfläche von der Wellenmitte und $\gamma_f$ das spezifische Gewicht der Druckflüssigkeit in kg/cbm bedeutet. Wäre $p_f = p_C$, dann wäre kein Abzug nötig. In diesem Falle müßte das Gewicht der rotierenden Massen sein

$$G_0 = \frac{F\,r^2}{2\,\varrho}\cdot\gamma_f.$$

Die Ausführung ergab jedoch bedeutend größere Gewichte (s. Tabelle 23). Der abzuziehende Druck beträgt demnach:

$$p' = p_C - p_f = \frac{G}{g\cdot F}\cdot\varrho\cdot\omega^2 - \frac{r^2\cdot\omega^2}{2\,g}\cdot\gamma_f \text{ in kg/qm Kolbenfläche.}$$

Der Abzug ist also proportional dem Quadrat der Winkelgeschwindigkeit.

Es ist

$$p' = H'\cdot\gamma_q,$$

wenn $H'$ die Höhe der Quecksilbersäule in m und $\gamma_q$ das Gewicht eines cbm Quecksilber bedeutet; es sei ferner

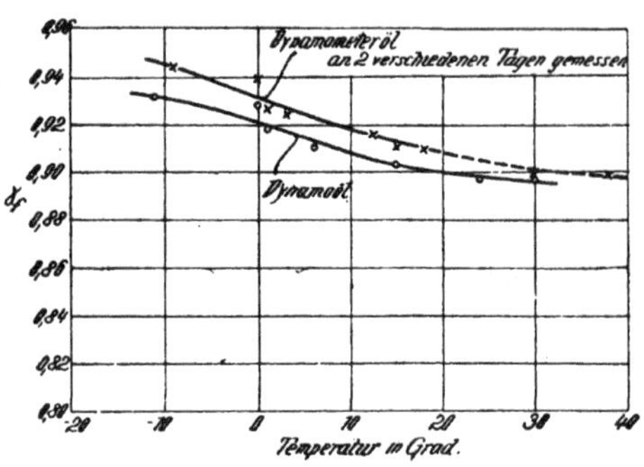


Fig. 250.
Messungen des spez. Gew. von Öl bei verschied. Temperatur.

Die spezifischen Gewichte sind bekanntlich vor allem von der Temperatur abhängig. Die der Rechnung zugrunde gelegten entsprechen einer Temperatur von ungefähr 10—15°. Das Quecksilber ändert sein spezifisches Gewicht mit der Temperatur nur sehr wenig; einem Wechsel um ± 20° entspricht eine Änderung des spezifischen Gewichtes von rd. ± 1/3 %.

Das Gewicht des Öles dagegen wird von der Temperatur stärker beeinflußt. In Fig. 250 sind für die bei den benutzten

Tabelle 25.

## Größen zur Bestimmung von Korrektionsfaktor und Maßstabskonstanten des Kolbendynamometers.

| Kolben Nr. | | I | II | III | IV |
|---|---|---|---|---|---|
| Kolbendurchmesser | mm | 44,8 | 64,1 | 89,6 | 89,6 |
| Kolbenfläche | $F$ cm² | 15,75 | 32,24 | 63,05 | 63,05 |
| In Betriebstellung: | | | | | |
| Abstand der Druckfläche von Wellenmitte | $r$ mm | 247,5 | 247,5 | 246,5 | 246,5 |
| Schwerpunktabstand des Kolbens von Wellenmitte | $\varrho$ mm | 194,5 | 205,5 | 210,5 | 210,5 |
| Gewicht des Kolbens mit Druckstange | $G_k$ kg | 0,916 | 1,474 | 2,389 | 2,386 |
| » der Signalstange auf den Schwerpunkt des Kolbens bezogen | $G'_s$ » | 0,292 | 0,278 | 0,270 | 0,270 |
| Gesamtgewicht | $G = G_k + G'_s$ » | 1,208 | 1,752 | 2,659 | 2,656 |
| Berechnetes Gewicht für vollständigen Fliehkraftausgleich | $G_0$ » | 0,227 | 0,438 | 0,832 | 0,832 |
| Korrektionsfaktor nach Rechnung | $\mathfrak{H}'$cm QS | 9,98 | 6,88 | 5,03 | 4,26 |
| Mittel aus Leerlaufsversuchen | » » » | 10,65 | 7,16 | — | — |
| » » Bremsversuchen | » » » | 9,69 | 6,93 | — | — |
| Zur Auswertung gewählt | | 10,2 | 7,03 | — | — |
| Drehmomentskonstante nach Rechnung | $C$ | 0,101 | 0,204 | — | — |
| Mittel aus Bremsversuchen | » | 0,107 | 0,217 | — | — |
| Zur Auswertung gewählt | » | 0,104 | 0,213 | — | — |
| Fehler nach Eichung m. Bremsflügeln | % | + 1,6 | + 2,2 | — | — |

$$\mathfrak{H}' = \frac{H'}{\left(\frac{n}{100}\right)^2}.$$

Mit $\omega = \frac{\pi\cdot n}{30}$ und $\gamma_q = 13\,570$ kg/cbm wird

$$\mathfrak{H}' = \frac{10^4\cdot\pi^2}{30^2\cdot 13\,570}\cdot\frac{1}{g}\cdot\left(\frac{G}{F}\cdot\varrho - \frac{r^2}{2}\cdot\gamma_f\right)$$

$$= \frac{1}{1214}\cdot\frac{\varrho}{F}\left(G - \frac{F\,r^2}{2\,\varrho}\cdot\gamma_f\right) = \frac{1}{1214}\cdot\frac{\varrho}{F}\,(G - G_0).$$

Die Werte von $\mathfrak{H}'$ sind mit $\gamma_f = 913$ kg/m³ in Tabelle 25 eingetragen.

$\mathfrak{H}'$ (»Korrektionsfaktor«) bedeutet also die Höhe der Quecksilbersäule auf m bezogen, welche den rotierenden Massen bei 100 Umdr. i. d. Min. das Gleichgewicht hält. $\mathfrak{H}'$ ändert sich mit $\varrho$ und $r$, $\gamma_q$ und $\gamma_f$, also mit der Kolbenstellung und dem spezifischen Gewicht von Quecksilber und Drucköl.

Eine Verschiebung des Kolbens aus der für die Rechnung zugrunde gelegten Mittellage um ± 1,5 mm, die während des Betriebes nicht überschritten wird, verursacht eine Änderung von $\mathfrak{H}'$ um höchstens ± 3/4 %.

Öle die spezifischen Gewichte nach einer Anzahl von Messungen bei verschiedenen Temperaturen aufgetragen. Aus Fig. 251 läßt sich der Korrektionsfaktor für die verschiedenen spezifischen Gewichte des Öles (also für verschiedene Temperaturen) abgreifen.

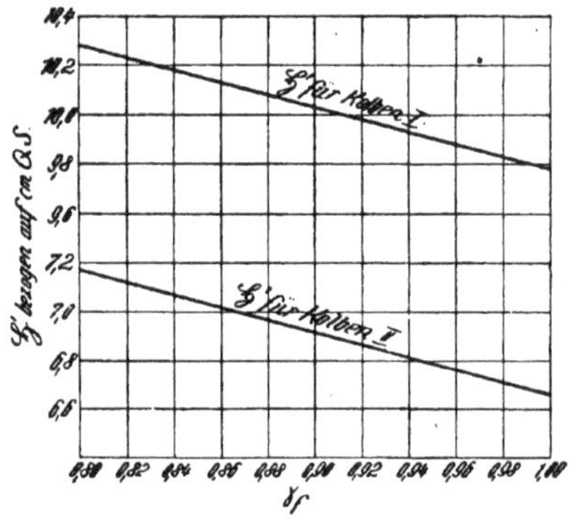

Fig. 251. Korrektionsfaktor in Abhängigkeit vom spez. Gewicht der Druckflüssigkeit.

## Drehmomentmaßstab.

Der Maßstab für das Drehmoment ergibt sich sehr ein fach unter Berücksichtigung der Hebelarme (Fig. 249). Da die Drehkraft der Schraube, wie oben bemerkt, durchweg mit dem Quadrat der Drehzahl wächst, rechnen wir auch hier mit einer Proportionalitätsgröße

$$\mathfrak{M} = \frac{M}{\left(\frac{n}{100}\right)^2}.$$

Es ist dann

$$\mathfrak{M} = 0{,}250 \cdot \frac{0{,}150}{0{,}080} \cdot \gamma_q \cdot F\,(\mathfrak{H} - \mathfrak{H}') = 6365 \cdot F \cdot (\mathfrak{H} - \mathfrak{H}').$$

Für einen bestimmten Kolben ist

$$\mathfrak{M} = C \cdot (\mathfrak{H} - \mathfrak{H}').$$

Setzen wir die Werte $F$ für die einzelnen Kolben ein und beziehen $\mathfrak{H}$ und $\mathfrak{H}'$ auf cm $QS$, so erhalten wir die Maßstabskonstante $C$, wie sie in der Tabelle 25 angegeben ist (für den Betrieb mit zwei Kolben zu gleicher Zeit vollzieht sich die Rechnung ganz analog). Es wurde natürlich bis zu den höchst zulässigen Drücken der kleinste Kolben benutzt, weil bei großem $\mathfrak{H}$ eine eventuelle Unsicherheit in $\mathfrak{H}'$ in der Differenz $\mathfrak{H} - \mathfrak{H}'$ sich wenig bemerkbar macht.

Die nachfolgende Berechnung zeigt den Einfluß eines Fehlers in $\mathfrak{H}'$ auf die Größe des Drehmoments. Ein Fehler in $\mathfrak{H}'$ um $x$% verursachte einen Fehler in $\mathfrak{M}$ um $y$%.

Es war

$$\mathfrak{M} = C \cdot (\mathfrak{H} - \mathfrak{H}');$$

mit Berücksichtigung des Fehlers wird

$$\mathfrak{M} \pm \frac{y}{100} \cdot \mathfrak{M} = C \cdot \left(\mathfrak{H} - \mathfrak{H}' \pm \frac{x}{100} \cdot \mathfrak{H}'\right)$$

$$= C \cdot (\mathfrak{H} - \mathfrak{H}') \pm C \cdot \frac{x}{100} \cdot \mathfrak{H}'.$$

Also:

$$y \cdot \mathfrak{M} = x \cdot C \cdot \mathfrak{H}'$$

und

$$y = \frac{x \cdot C \cdot \mathfrak{H}'}{\mathfrak{M}}.$$

Für Kolben I ist $\mathfrak{H}' \cong 10$, $C \cong 0{,}1$, also $C \cdot \mathfrak{H}' \cong 1$ und
» » II » $\mathfrak{H}' \cong 7$, $C \cong 0{,}2$, » $C \cdot \mathfrak{H}' \cong 1{,}4$.

In der Tabelle 26 ist für $x = 2$ das $y$ für verschiedene $\mathfrak{M}$ eingetragen.

Tabelle 26.

| | | | | | | | | | |
|---|---|---|---|---|---|---|---|---|---|
| $\mathfrak{M} =$ | 0,1 | 0,2 | 0,5 | 1 | 2 | 5 | 10 | 20, | |
| $y$ in $^0/_0 =$ | 20 | 10 | 4 | 2 | 1 | 0,4 | 0,2 | 0,1 | für Kolben I, |
| $=$ | 28 | 14 | 5,6 | 2,8 | 1,4 | 0,56 | 0,28 | 0,14 | für Kolben II. |

(Die Versuche konnten fast sämtlich mit Kolben I gemacht werden.)

Bei unserem üblichen $R = 1{,}5$ m ergeben die Versuche Werte von $\mathfrak{m}$, die sich zwischen 0,03 und 1,0 bewegen; die entsprechenden Grenzen von $\mathfrak{M}$ sind also 0,23 bis 7,6. Bei der unteren Grenze erscheint hiernach die Genauigkeit ungenügend. So kleine Werte kommen aber nur bei Winkelstellungen vor, die praktisch unwichtig sind. Im übrigen bleibt genügend relative Genauigkeit gewahrt.

Mit den rechnerisch bestimmten Werten des Korrektionsfaktors und Momentenmaßstabs durfte bei der Auswertung der Versuche nicht ohne weiteres gerechnet werden, sondern es mußten erst mehrere uns wohl bewußte Fehlerquellen genau geprüft werden. Die Auflagepunkte der die Drehkraft übertragenden Teile, also die Länge der Hebelarme konnte nicht mit absoluter Genauigkeit fixiert werden. Die für feststehende Kraftmesser allgemein übliche Schneidenübertragung war hier nicht möglich. Der Hebel $H$ muß sich gegen den axial feststehenden Bolzen $B$ leicht axial verschieben können, um die Messung der Schubkräfte möglichst empfindlich zu machen. Außerdem hätte die zu übertragende Umfangskraft (die Höchstbeanspruchung der Maschine beträgt 160 mkg, die Umfangskraft an dieser Stelle also $\frac{160}{0{,}25} = 640$ kg) ganz erhebliche Dimensionen der Schneide erfordert.

Die Übertragung geschieht deshalb mittels vertikal verschiebbarer Stahlkugeln. Dabei wurde eine seitliche Bewegung durch gute Führung verhindert.

Vor allem wäre erwünscht gewesen, den Drehbolzen des Hebels $H$ durch eine Schneide zu ersetzen; das war jedoch wegen der mit der Belastung stark wechselnden Richtung der Resultanten von Hebelkraft und Zentrifugalkraft kaum möglich, abgesehen von der Unzulässigkeit des großen Auflagerdruckes.

Die der Rechnung zugrunde gelegten Hebelarme sind auf die Mitte des Bolzens bezogen. Um einen Fehler möglichst klein zu halten, wurde der Durchmesser des Drehbolzens möglichst klein gewählt. Ein Kugellager wurde aus demselben Grunde vermieden. Sämtliche Übertragungsstellen sind aus Stahl und gehärtet.

Die gerechneten Werte von $\mathfrak{H}'$ und $C$ wurden durch je etwa 20 Leerlauf- und Bremsversuche bei verschiedenen Belastungen und je ungefähr acht verschiedenen Drehzahlen kontrolliert. Die erhaltenen Mittelwerte sind in der Tabelle 23 eingetragen. Für die Auswertung der Versuche wurde für $\mathfrak{H}'$ das arithmetische Mittel aus dem Mittel der Brems- und Leerlaufsversuche festgelegt. Der gerechnete Wert wurde nicht berücksichtigt, weil sich bei der Ermittlung des Schwerpunktes der einzelnen Teile, bei der Ausbalancierung des Hebels $H$ usw. leicht Ungenauigkeiten einschleichen konnten. Der Korrektionsfaktor wurde öfters durch Leerlaufversuche kontrolliert. Die größten Abweichungen haben $\pm 1{,}5$% nicht überschritten. Solche Abweichungen in $\mathfrak{H}'$ machen sich bei den in Frage kommenden Drehmomenten mit Kolben I in der Größe des Drehmoments nur wenig bemerkbar. Für den Momentenmaßstab wurde das arithmetische Mittel zwischen den gerechneten Werten und dem Mittel der Bremsversuche angenommen. Die Bremsversuche allein konnten keine vollkommene Genauigkeit beanspruchen, da das Anbringen der Bremsvorrichtung an der vertikalen Welle in 3,5 m Höhe mit einigen Schwierigkeiten verknüpft war. Die Maßstabskonstante $C$ haben wir nachträglich mit Bremsflügeln, die an einer Dynamo mit absolut zuverlässiger Genauigkeit geeicht wurden, kontrolliert. Dabei ergab sich ein Fehler für Kolben I von $+ 1{,}6$%, für Kolben II von $+ 2{,}2$%. Unsere gemessenen Werte des Drehmomentes sind also um diesen Prozentsatz zu groß. Eine zeitraubende Berichtigung der Versuchswerte glaubten wir ersparen zu dürfen, zumal es bei unseren Vergleichsversuchen weniger auf absolute als auf relative Genauigkeit ankommt. Letztere hat sich im ganzen Verlauf der Versuche als überaus befriedigend erwiesen. Die einzelnen Versuchsreihen wurden selbstverständlich stets unter denselben Verhältnissen und mit gleichem Kolben gemacht.

# Anhang 2.

## Eine Gleichung für gute Flügelprofile zu streng systematischen Untersuchungen.[1]) [2])

Von Dr. E. Everling.

### I. Wert und Zweck einer Gleichung für Flügelprofile.

In den »Luftschrauben-Untersuchungen« ist bereits wiederholt[3]) von einem mathematischen Ansatz für den Querschnitt von Luftschraubenflügeln die Rede gewesen. Eine solche Profilformel wäre für aerodynamische Untersuchungen von großem Wert, wenn es mit ihrer Hilfe gelänge,

1. bei Modellversuchen mit Treibschrauben oder Tragflügeln gewisse Änderungen der Profilform auf planmäßigem Wege hervorzubringen, ohne den Charakter der Umrißlinien und des Strömungsverlaufes dadurch zu ändern;
2. gegebene Flügelprofile durch eine Formel auszudrücken, um sie durch wenige einfache Angaben in allen Teilen eindeutig festlegen zu können.

Der erstgenannte Zweck läßt sich auf mannigfache Weise erreichen. Es erscheint selbstverständlich und ist auch durch die bisherigen Versuche erwiesen, daß ein stetiger Verlauf der Körperumrisse, also eine stetige Zunahme der Krümmungsradien nach der Austrittkante hin für das Verhältnis von Widerstand zu Auftrieb oder von Drehmoment zu Schub vorteilhaft ist. Daher wird man sich auch bei planmäßigen Versuchen in erster Linie auf solche Gestalten beschränken können.

Nun ist schon früher[4]) eine Reihe von Kurven mit stetig von vorn nach hinten zunehmendem Krümmungsradius zur Herstellung von Luftschraubenprofilen benutzt worden, z. B. Spiralen, begrenzte Stücke von Sinuslinien und vor allem Parabeln. Aus den damaligen Erörterungen geht hervor, und es soll nun ausführlicher dargelegt werden, daß man durch zweckmäßige Addition und Subtraktion der Ordinaten verschiedener Parabeln eine Gleichung von Flügelprofilen erhalten kann, deren wichtigste Abmessungen durch Veränderung der Formelbeiwerte planmäßig abgewandelt werden können, ohne daß der Gesamtcharakter der Profilform sich ändert. Außerdem stimmen diese Gestalten mit den in der Praxis erprobten und verwendeten im wesentlichen überein.

Bedeutend schwieriger ist die zweite Forderung zu erfüllen, den Kurvenverlauf einer vorliegenden, ausgeführten Flugzeugrippe oder eines Luftschraubenquerschnittes eindeutig und reproduzierbar durch eine Profilformel wiederzugeben. Die Gründe dafür sind folgende:

1. Die praktischen Profilformen werden meistens nach Augenmaß entworfen.
2. Hinter der Vorderkante befindet sich auf der Druckseite oft eine Unstetigkeit, weil die Vorderkante mit den benachbarten Teilen aus aerodynamischen Gründen gelegentlich »herabgezogen« oder im Gegenteil heraufgebogen wird.
3. Der Verlauf zur Hinterkante hin ist bei Flugzeugrippen oft, besonders auf der Druckseite, durch die Rücksichtnahme auf den Raumbedarf eines möglichst hohen und möglichst weit nach hinten liegenden Hinterholmes bestimmt und daher mit Unstetigkeiten behaftet. Sehr deutlich zeigt diese Abweichungen der englische B.E.-Doppeldecker.

Es ist jedoch gelungen, eine Gleichung zu finden, die mit hinreichender Annäherung eine Reihe von Flugzeugrippenformen und Schraubenflügelquerschnitten darstellt.

### II. Wahl einer Profilformel.

Eine solche mathematische Gleichung für die Flügelprofilkurven muß, um praktisch verwendbar zu sein,

1. möglichst einfach sein,
2. nur solche mathematischen Funktionen enthalten, die einem weiteren Kreise bekannt und ohne Erklärungen verständlich sind,
3. auf rechtwinkelige (Cartesische) Parallelkoordinaten bezogen sein,
4. eine möglichst einfache zahlenmäßige Ausrechnung gestatten, am besten nur mit dem Rechenschieber, zur Not auch mit ein für allemal festzulegenden Tabellen,
5. eine stetige Abnahme der Krümmung von vorn nach hinten aufweisen,
6. aus den aerodynamisch wichtigsten Abmessungen des Profils in bezug auf ihre Konstanten möglichst leicht bestimmbar sein.

Die Joukowskischen[1]) Formen, die durch konforme Abbildung von Kreisen erzeugt werden, kommen also für unsere Zwecke nicht in Frage.

### III. Einfacher Ansatz für eine Profilformel.

Diesen Anforderungen genügt in gewissem Grade die zuerst von Bendemann[2]) vorgeschlagene, von Prandtl[2]) verallgemeinerte Überlagerung verschiedener Parabeln. Jedoch erhält man durch die einfache Bendemannsche Form

$$y = \pm A\, l \left( \sqrt{\frac{x}{l}} - \frac{x}{l} \right) \quad . \; . \; . \; . \; . \; (1)$$

und die allgemeine Prandtlsche Gleichung

$$y = \bar{a} \left( \frac{x}{l} \right)^m \left( \frac{l - x}{l} \right)^n \quad . \; . \; . \; . \; . \; . \; (2)$$

[1]) Vorbemerkung: Die nachfolgende, auf meine Veranlassung entstandene Weiterentwicklung der früheren Ansätze nehmen wir hier mit auf, weil sie innerlich zu unseren Untersuchungen gehört. F. Bendemann.

[2]) Bearbeiteter Abdruck aus Z. f. Fl. u. M. **7**, S. 41, 1916.

[3]) F. Bendemann, Z. f. Fl. u. M. **2**, S. 213—216, 1911; ebenda **3**, S. 44—49, 1912 (vgl. auch Diskussionsbemerkung von Prandtl S. 50), C. Schmid, ebenda **6**, S. 58, 1915; z. T. ausführlicher in den Luftschrauben-Untersuchungen, Heft I, 1911, S. 38 bis 41, Heft II, 1912, S. 17—21, dieses Heft III, S. 11.

[4]) F. Bendemann, Z. f. Fl. u. M. **3**, S. 49, Heft II 1912; dasselbe: Luftschrauben-Untersuchungen 1912, S. 19.

[1]) Joukowski, Z. f. Fl. u. M. 1910, S. 281; Blumenthal, ebenda 1913, S. 125; Trefftz, ebenda 1913, S. 130.

[2]) Vgl. Anm. 3 auf S. 36.

nur symmetrische Kurven, die sich z. B. als Umrißlinien von Körpern geringen Strömungswiderstandes (Luftschiffkörpern, Stielen) eignen, nicht aber die zur Erzeugung einseitiger Strömungskräfte (Tragflügelauftrieb, Schraubenschub) erforderliche Unsymmetrie aufweisen. Diese Unsymmetrie hineinzutragen, lagen bisher nur Vorschläge vor, die etwas Unorganisches an sich haben. Am gangbarsten schien der Prandtlsche Weg, die Ordinaten der symmetrischen Umrißlinie auf eine irgendwie gekrümmte Mittellinie, z. B. einen Kreisbogen, statt auf ihre gerade Symmetrieachse, d. i. die Abszissenachse des Koordinatensystems, aufzutragen. Die so entstandene Form ist aber mathematisch zu verwickelt, um einer näheren Behandlung fähig zu sein, besonders hinsichtlich ihrer Bestimmung aus den wichtigsten äußeren Abmessungen, wie sie oben (II. Abschnitt, Punkt 6) gefordert wurde.

Deshalb ist inzwischen von Bendemann ein neuer Weg[1]) vorgeschlagen worden: Es werden für Druck- und Saugseite zwei verschiedene, jedoch in bestimmter Weise zusammenhängende Gleichungen parabolischen Charakters benutzt, derart, daß sie am Kopfe des Flügelprofils, d. h. für den Anfangspunkt des Koordinatensystems und seine Umgebung, Symmetrie ergeben, im weiteren Verlauf aber durch stetig zunehmende Verschiedenheit zu unsymmetrischem Verlauf und deshalb zur Überschneidung (Hinterkante) führen. Das läßt sich z. B. auf folgende einfache Weise erreichen: Man setzt

$$\left.\begin{aligned} y_s &= +a\sqrt{x} - b\sqrt{x^3} \text{ für die Saugseite} \\ \text{und}\quad y_d &= -a\sqrt{x} - c\sqrt{x^3} \text{ für die Druckseite} \end{aligned}\right\} \quad . \; . \; (3)$$

wobei $a$, $b$ und $c$ positive Zahlenwerte haben. Dieser Ansatz ergibt z. B. mit

$$a = 0{,}1; \quad b = 1{,}1; \quad c = 0{,}9 \; . \; . \; . \; . \; . \; (4)$$

die in Fig. 252 dargestellte Form. Durch Änderung der Beiwerte $a$, $b$ und $c$ kann man die Form in gewissen Grenzen planmäßig abwandeln. Dies zeigen die Fig. 248 bis 252, in denen die Konstanten nach Tab. 27 gewählt sind. Dabei ist zwischen $a$, $b$ und $c$ eine solche Beziehung gewählt worden, daß der Schnittpunkt von Saug- und Druckseite die Abszisse $x = 1$ hat. Es ist nämlich

$$a - b = -a - c = -d \; . \; . \; . \; . \; . \; (5)$$

gesetzt worden, also

$$c = b - 2a \; . \; . \; . \; . \; . \; . \; . \; (6)$$

Die Größe $d$, der gemeinsame Wert der (negativen) Ordinaten von Saug- und Druckseite für ihren Schnittpunkt, d. h. die Senkung der Hinterkante unter die Abszissenachse, ist als unabhängige Größe in die Tabelle eingetragen.

Tabelle 27.

**Zahlenwerte der Konstanten für die Figuren 252 bis 256.**

| Figur | | 1 | 2 | 3 | 4 | 5 |
|---|---|---|---|---|---|---|
| Gegebene Grössen | a = | 0,1 | 0,15 | 0,2 | 0,1 | 0,05 |
| | d = | 1,0 | 1,0 | 1,0 | 0,5 | 0,5 |
| also nach Gl. (5) | b = | 1,1 | 1,15 | 1,2 | 0,6 | 0,55 |
| | c = | 0,9 | 0,85 | 0,8 | 0,4 | 0,45 |

Nach der Tabelle unterscheiden sich die drei ersten Figuren einerseits, die beiden letzten anderseits nur durch die Konstante $a$, die, wie wir in den folgenden Betrachtungen sehen werden, durch die Größe des Kopfkreises der Profilkurve eindeutig festgelegt ist. Die Bilder zeigen, wie die Dicke sich gleichzeitig mit der Konstanten $a$ so ändert, daß der ganze Verlauf denselben Charakter beibehält. Fig. 252 und 255 weisen das gleiche $a$, aber eine verschiedene Senkung der Hinterkante $d$, infolgedessen verschiedene Länge und Wölbung, aber gleichen Kopfkreis auf. Fig. 255 kann man sich aus 254, ebenso 256 aus 252 entstanden denken durch Halbierung der Ordinaten.

[1]) Luftschrauben-Untersuchungen Heft I, 1911, S. 40; Z. f. Fl. u. M. 1911, S. 215.

Man erkennt die hierdurch hervorgerufenen charakteristischen Unterschiede; man sieht aber gleichzeitig auch, daß die Zahl der möglichen Änderungen bei Beschränkung auf drei Konstanten $a$, $b$ und $c$, die zudem noch durch die Beziehung (6) verknüpft sind, nicht groß genug ist, um allgemeine planmäßige Versuche darauf zu begründen, geschweige denn, um eine vorgelegte Flügelform durch die Gleichung darstellen zu können. Auch wenn man statt der Abszisse $x = 1$ für den Schnittpunkt der beiden Kurven (3) allgemeiner $x = x_0$ annimmt, also die Gleichung (6) wieder fallen läßt, so bedeutet das lediglich eine Änderung der Maßeinheit der Koordinaten, und man erhält Formen, die denen nach Gleichung (3) und (6) bei passender Wahl der Konstanten $a$, $b$ und $c$ geometrisch ähnlich sind.

Wenn man in Gleichung (3) für die Exponenten von $x$ an Stelle von $\frac{1}{2}$ und $\frac{3}{2}$ beliebige Größen $\frac{p}{2}$ und $\frac{q}{2}$ ansetzt, so gewinnt man zwar die Möglichkeit einer weitgehenden Anpassung an fertige oder vorgeschriebene Profilformen; die Gleichungen werden jedoch ziemlich verwickelt, auch die Berechnung ist nicht mehr so einfach, wie es nach unseren oben aufgestellten Forderungen (II. Abschnitt, Punkt 1 und 4) wünschenswert ist. In diesem Falle folgen statt der Gleichungen (3) die Formeln

$$\left.\begin{aligned} y_s &= +a\sqrt{x^p} - b\sqrt{x^q} \text{ für die Saugseite,} \\ y_d &= -a\sqrt{x^p} - c\sqrt{x^q} \text{ für die Druckseite,} \end{aligned}\right\} \; . \; . \; (7)$$

und man erkennt leicht, daß im Falle

$$\frac{q}{2} = \frac{p}{2} + 1 \; . \; . \; . \; . \; . \; . \; . \; (8)$$

die erste der Gleichungen (7) für die Saugseite einen Sonderfall der Prandtlschen Gleichung (2) für die Werte

$$m = \frac{p}{2}; \quad n = 1; \quad l = \frac{a}{b}; \quad \bar{a} = a \cdot l^{\frac{p}{2}} \; . \; . \; . \; (9)$$

darstellt. Auch diese Prandtlsche Gleichung (2) wäre für die Anwendung nicht geeignet, selbst wenn man sie für die Druckseite verwendbar machen würde. Die Gründe sind die gleichen wie für den verallgemeinerten Ansatz (7).

## IV. Verallgemeinerter Ansatz für die Profilformel.

Durch Hinzufügung eines weiteren Gliedes kann jedoch die notwendige Verallgemeinerung der Gleichung (3) und ihre Anpassung an die praktischen Erfordernisse in einfachster Weise erzielt werden: Wir addieren zu den Ordinaten der Parabelformen die Ordinaten einer Geraden, d. h. die mit einer Konstanten multiplizierten Abszissenwerte $x$; wir setzen also unsere Gleichung an in der Form

$$\left.\begin{aligned} y_s &= \sqrt{x}\,(a_s + b_s\sqrt{x} + c_s x) \text{ für die Saugseite} \\ \text{und}\quad y_d &= \sqrt{x}\,(a_d + b_d\sqrt{x} + c_d x) \text{ für die Druckseite.} \end{aligned}\right\} . \; (10)$$

Die Konstanten $a_s$, $b_s$, $c_s$ und $a_d$, $b_d$, $c_d$ sind jetzt natürlich nicht mehr sämtlich positiv, sie haben auch eine andere Bedeutung als in Gleichung (3). Um nun zu zeigen, wie diese Konstanten sich aus den geforderten oder praktisch vorliegenden Gestalteigenschaften einer Profilkurve bestimmen lassen, müssen wir zunächst die wichtigsten Eigenschaften der Umrißlinie durch jene Konstanten ausdrücken.

Zu diesem Zweck diskutieren wir die Gleichung (10), die wir in der Form

$$y = \sqrt{x}\,(a + b \cdot \sqrt{x} + c \cdot x) \; . \; . \; . \; . \; . \; (11)$$

schreiben können. Die drei ersten Ableitungen dieser Gleichung sind

$$y' = \frac{1}{2\sqrt{x}}\,(a + 2b\sqrt{x} + 3cx) \; . \; . \; . \; . \; (12)$$

$$y'' = \frac{1}{4\sqrt{x^3}}\,(3cx - a) \; . \; . \; . \; . \; . \; . \; . \; (13)$$

$$y''' = \frac{3}{8\sqrt{x^5}}\,(a - cx) \; . \; . \; . \; . \; . \; . \; . \; (14)$$

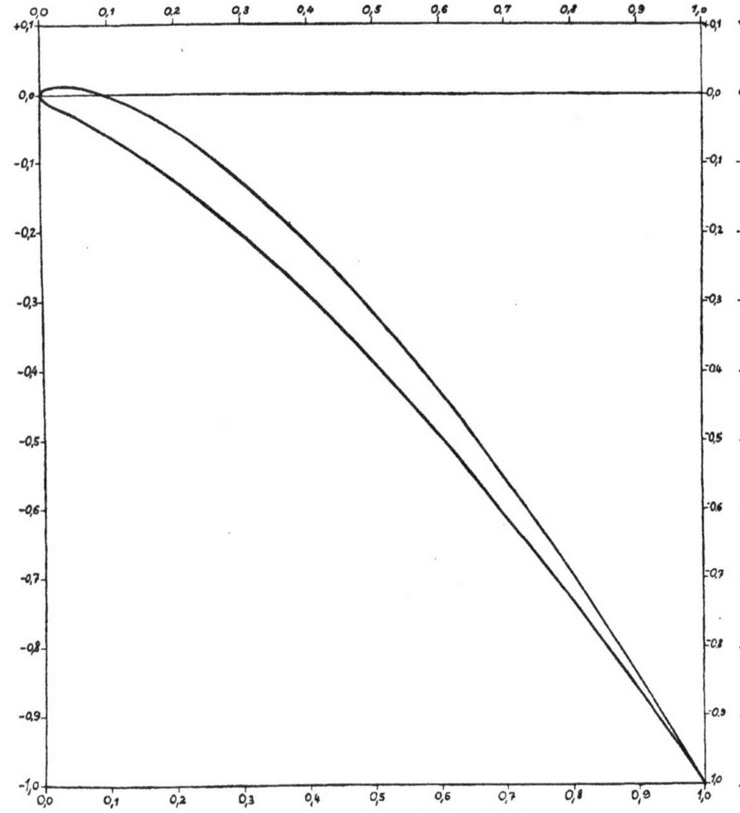


Fig. 252. **Flügelprofil** nach der Gleichung:

$y_s = +0,1\sqrt{x} - 1,1\sqrt{x^3}$ für die Saugseite und

$y_d = -0,1\sqrt{x} - 0,9\sqrt{x^3}$ für die Druckseite.

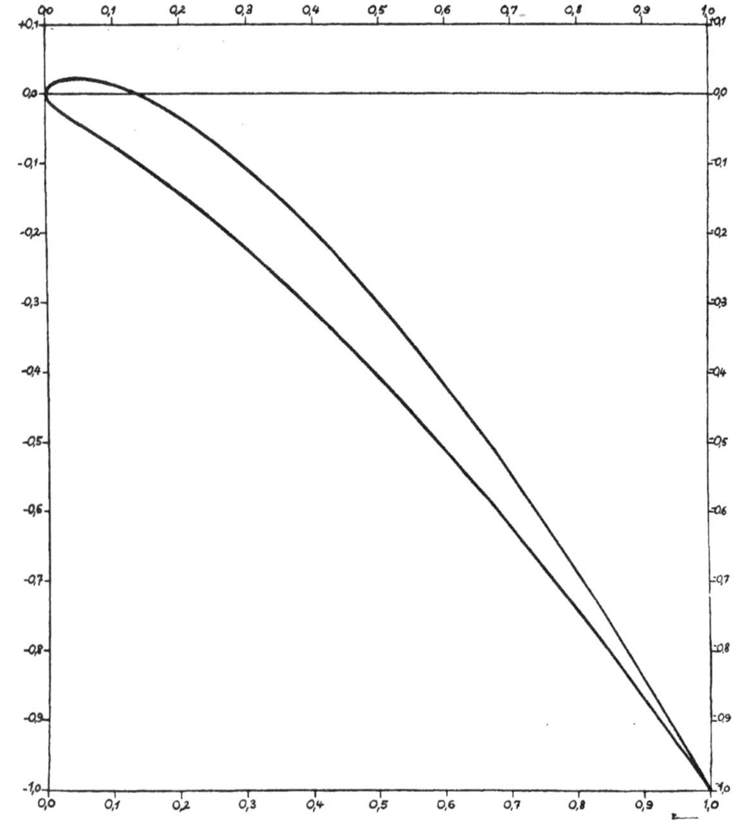


Fig. 253. **Flügelprofil** nach der Gleichung:

$y_s = +0,15\sqrt{x} - 1,15\sqrt{x^3}$ für die Saugseite und

$y_d = -0,15\sqrt{x} - 0,85\sqrt{x^3}$ für die Druckseite.

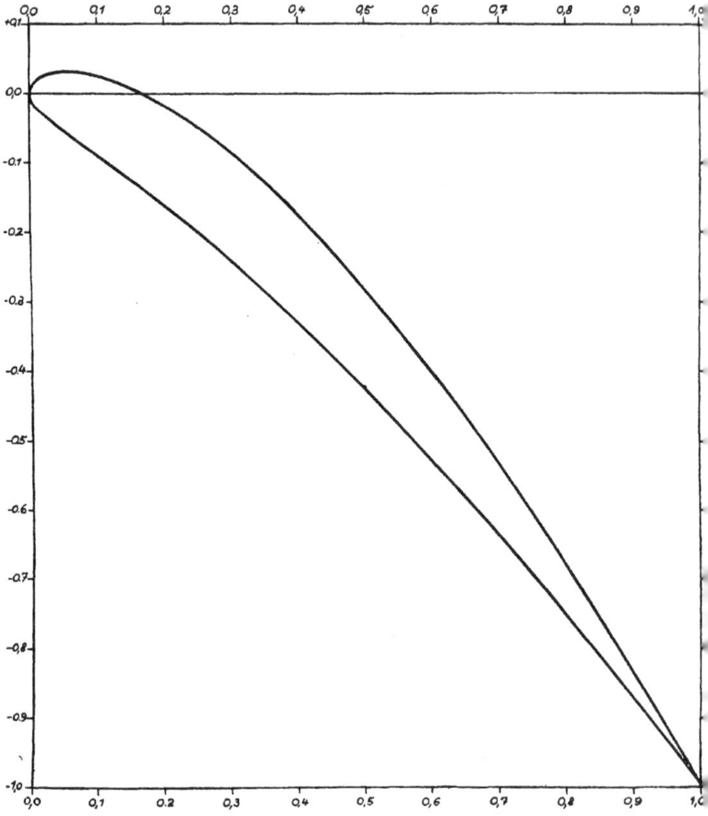


Fig. 254.

**Flügelprofil** nach der Gleichung:

$y_s = +0,2\sqrt{x} - 1,2\sqrt{x^3}$ für die Saugseite und

$y_d = -0,2\sqrt{x} - 0,8\sqrt{x^3}$ für die Druckseite.

Daher lautet die Gleichung einer Tangente im Punkte $(x_t, y_t)$:

$$y - y_t = y_t' \,(x - x_t)$$

oder

$$y = \frac{1}{2\sqrt{x_t}}\left[x\,(a + 2b\sqrt{x_t} + 3cx_t) + x_t\,(a - cx_t)\right]. \qquad (15)$$

Für die Schnittpunkte der Kurve mit der $X$-Achse $(y = 0)$ ergibt sich:

$$y = \sqrt{x}\,(a + b\sqrt{x} + cx) = 0,$$

also

$$\sqrt{x} = 0 \text{ und } \sqrt{x} = \frac{1}{2c}\left(-b \pm \sqrt{b^2 - 4ac}\right). \qquad (16)$$

Im Nullpunkte ist nach Gleichung (12) die erste Ableitung unendlich groß, d. h. die $Y$-Achse ist dort Tangente.

Die Kurve hat ferner Extremwerte (Maxima oder Minima) für:

$$y_m' = 0, \text{ d. h. } a + 2b\sqrt{x_m} + 3cx_m = 0,$$

also für

$$\sqrt{x_m} = \frac{1}{3c}\left(-b \pm \sqrt{b^2 - 3ac}\right) \text{ und } y_m = \frac{\sqrt{x_m}}{3}\left(2a + b\sqrt{x_m}\right). \qquad (17)$$

Wendepunkte existieren für:

$$y_w'' = 0, \text{ d. h. } 3cx_w - a = 0$$

oder

$$x_w = \frac{a}{3c} \text{ und } y_w = \frac{a}{3c}\left(4\sqrt{\frac{ac}{3}} + b\right), \quad . \; . \quad (18)$$

also nur für den Fall, daß $\frac{a}{c}$ positiv ist; die Gleichung der Wendetangente lautet nach (15):

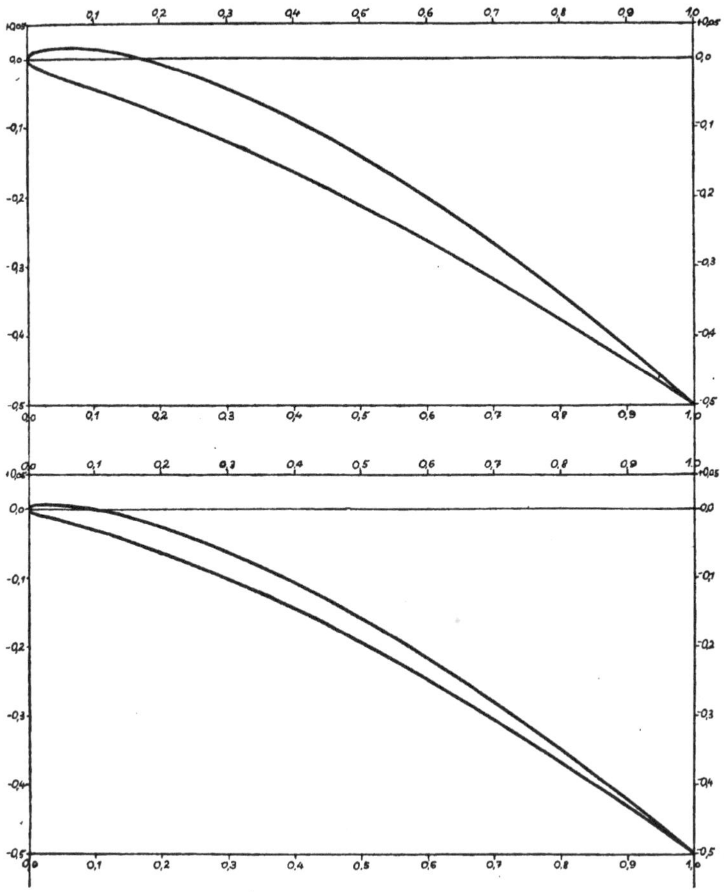

Fig. 255 u. 256. **Flügelprofile** nach der Gleichung:

Oben:

$y_s = + 0{,}1 \sqrt{x} - 0{,}6 \sqrt{x^3}$ für die Saugseite und

$y_d = - 0{,}1 \sqrt{x} - 0{,}4 \sqrt{x^3}$ für die Druckseite.

Unten:

$y_s = + 0{,}05 \sqrt{x} - 0{,}55 \sqrt{x^3}$ für die Saugseite und

$y_d = - 0{,}05 \sqrt{x} - 0{,}45 \sqrt{x^3}$ für die Druckseite.

oder

$$\left.\begin{aligned} y - y_w &= (\sqrt{3ac} + b)\,(x - x_w) \\ y &= x\,(\sqrt{3ac} + b) + \frac{a}{3}\sqrt{\frac{a}{3c}}. \end{aligned}\right\} \quad \ldots (19)$$

Aus den Gleichungen (15) und (18) folgt, daß die Abszisse $x_w$ des Wendepunktes ein Drittel der Abszisse $x_{t_0}$ des Punktes ist, in dem eine Tangente aus dem Nullpunkt die Kurve berührt; diese Beziehung kann für Konstruktionszwecke wertvoll sein.

Für den Krümmungsradius gilt die allgemeine Gleichung

$$r = \pm \frac{\sqrt{1 + y'^2}^3}{y''}, \quad \ldots\ldots (20)$$

also in unserem Falle für den Nullpunkt:

$$r = \frac{a^2}{2} \text{ oder } a = \sqrt{2r} = \sqrt{d}, \quad \ldots (21)$$

wo $d$ der Durchmesser des Kopfkreises ist. Durch Differentiation von $r$ nach $x$ folgt allgemein:

$$\frac{dr}{dx} = \frac{\sqrt{1 + y'^2}}{y''^2}\left\{3\,y'\,y''^2 - y'''\,(1 + y'^2)\right\}, \quad \ldots (22)$$

also in unserem Falle für $x = 0$, weil die geschweifte Klammer alsdann identisch verschwindet,

$$\lim_{x=0} \frac{dr}{dx} = 0, \quad \ldots\ldots\ldots (23)$$

woraus folgt, daß der Krümmungsradius im Nullpunkt seinen Kleinstwert hat, der durch das mit der niedrigsten Potenz von $x$ multiplizierte Glied der Gleichung (11) bestimmt ist. Damit nun der Krümmungsradius im Nullpunkt für Saug- und Druckseite, die in diesem Punkte bereits die Tangente gemeinsam haben, ebenfalls den gleichen Wert hat, müssen $a_s$ und $a_d$ ihrem absoluten Werte nach übereinstimmen, jedoch verschiedenes Vorzeichen haben, da die Saugseite vom Nullpunkt aus nach oben, die Druckseite nach unten verläuft. Wir haben also:

$$a_s = - a_d = + \sqrt{d}. \quad \ldots\ldots\ldots (24)$$

Alsdann wird die Rippenkurve im Nullpunkt und in seiner Umgebung symmetrisch in bezug auf die $X$-Achse. Der Mittelpunkt des Kopfkreises liegt auf ihr und der Berührungsradius fällt mit ihr zusammen.

Nun ist nach Knoller[1]) die Mittellinie einer solchen Flügelprofilform definiert als der geometrische Ort der Mittelpunkte aller eingeschriebenen Kreise. Diese Mittellinie endet also in der zugeschärften Austrittkante einerseits (bzw. bei schwach abgerundeter Austrittkante im Mittelpunkte des Abrundungskreises), anderseits im Mittelpunkte des Kopfkreises. Wir können sie uns jedoch nahezu stetig verlängert denken durch den Berührungsradius. Wir finden alsdann, daß unsere $X$-Achse Tangente dieser Mittellinie an der Eintrittkante ist. Die Sehne der Mittellinie wollen wir für unsere Betrachtung als Sehne der Profilform zugrunde legen, da die in der Praxis übliche Angabe der Tangentialsehne der Druckseite für beiderseitig konvexe Flügelquerschnitte versagt. Diese Definition der Sehne mit Hilfe der Knollerschen Mittellinie ist unabhängig von dem augenblicklichen Anstellwinkel des Tragdeckenprofils oder von der Steigung des Luftschraubenflügels, im Gegensatz zu dem Vorschlag von Gümbel[2]), die Verbindung der durch die Achsrichtung der Luft- oder Wasserschraube gekennzeichneten Vorderkante mit der zugeschärften (oder entsprechend definierten) Hinterkante als Sehne zu verwenden.

Die Koordinaten für die Austrittkante selbst erhalten wir aus der Bedingung, daß für einen Abszissenwert $x_0$ die beiden Gleichungen (10) denselben Wert $y_0$ für $y_s$ und $y_d$ ergeben, also:

$$\begin{aligned} y_s = y_d = y_0 &= \sqrt{x_0}\,(a_s + b_s \sqrt{x_0} + c_s x_0) \\ &= \sqrt{x_0}\,(a_d + b_d \sqrt{x_0} + c_d x_0). \quad \ldots\ldots (25) \end{aligned}$$

Daraus folgt für $x_0$ bzw. $\sqrt{x_0}$ zunächst der selbstverständliche Wert 0, weiterhin:

$$\sqrt{x_0} = \frac{1}{2\,(c_s - c_d)}\left\{b_d - b_s \pm \sqrt{(b_d - b_s)^2 + 4\,(a_d - a_s)(c_s - c_d)}\right\}. (26)$$

Dieser Wert ist in Gleichung (10) oder (25) einzuführen; dann folgt

$$y_0 = \frac{1}{4\,(c_s - c_d)^3}\left(b_d - b_s \pm \sqrt{\ }\right)\begin{vmatrix} a_s & a_d & b_s - b_d \mp \sqrt{\ } \\ b_s & b_d & c_s - c_d \\ c_s & c_d & 0 \end{vmatrix}, \quad (27)$$

also eine Form, die gegenüber einer Vertauschung der Zeiger $s$ und $d$ unveränderlich ist. Von den beiden Vorzeichen der Quadratwurzel ist stets das zu nehmen, das den kleineren positiven Wert für $x_0$ ergibt, da sich natürlich, vom gemeinsamen Nullpunkte abgesehen, Druck- und Saugseite nur einmal schneiden können. Im allgemeinen benötigen wir jedoch das Resultat der Gleichungen (26) und (27) deshalb nicht, weil $x_0$ und $y_0$ meist gegeben sein werden und die Aufgabe vorwiegend darin besteht, aus diesen Werten die Konstanten $a_s$, $b_s$, $c_s$ und $a_d$, $b_d$, $c_d$ mit Hilfe der Gleichungen (25) zu ermitteln. Wir rechnen daher im folgenden stets mit den Größen $x_0$ und $y_0$ selbst.

Die Länge des Profils, gemessen an der oben definierten Sehne der Mittellinie, hat den Wert:

$$l = \sqrt{x_0^2 + y_0^2}; \quad \ldots\ldots\ldots (28)$$

---

[1]) R. Knoller, Jahrbuch der Wiss. Ges. f. Luftf., Bd. III, 2. Lfg., S. 108, 1914. Verlag J. Springer, Berlin 1915.

[2]) Gümbel, Jahrbuch der Schiffbautechn. Ges., Bd. XV, S. 437, 1914. Verlag J. Springer, Berlin 1914.

die Neigung dieser Sehne gegen die $X$-Achse, zugleich der Winkel der Mittellinie gegen die Sehne an der Eintrittkante, ergibt sich aus

$$\operatorname{tg} \alpha_e = \frac{y_0}{x_0}, \quad \ldots \ldots \ldots (29)$$

und die Gleichung der Sehne selbst ist dementsprechend:

$$y = x \cdot \frac{y_0}{x_0} = \frac{x}{\sqrt{x_0}} (a + b\sqrt{x_0} + c x_0) \quad \ldots (30)$$

oder in der Normalform

$$\frac{x y_0 - y x_0}{l} = 0. \quad \ldots \ldots \ldots (31)$$

Mit Hilfe dieser Normalform erhält man den senkrechten Abstand $f$ eines Punktes $(\bar{x}, \bar{y})$ der Kurve von der Sehne:

$$\pm f = \frac{\bar{x} y_0 - \bar{y} x_0}{l} = \frac{\sqrt{\bar{x} x_0}}{l} (c\sqrt{\bar{x} x_0} - a)(\sqrt{x_0} - \sqrt{\bar{x}}). \quad (32)$$

Für den Größtwert dieses Abstandes, die Pfeilhöhe $f_m$, muß die Ableitung von $f$ nach $x$ verschwinden:

$$\left.\begin{aligned} &\left(\frac{df}{d\bar{x}}\right)_{f=f_m} = 0, \text{ d.h. } 3c\sqrt{x_0}\,\bar{x}_m - 2(a + c x_0)\sqrt{\bar{x}_m} + a\sqrt{x_0} = 0 \\ &\text{oder} \\ &\sqrt{\bar{x}_m} = \frac{1}{3c\sqrt{x_0}} \left\{a + c x_0 \pm \sqrt{a^2 + c^2 x_0^2 - a c x_0}\right\}, \end{aligned}\right\} \quad (33)$$

also für die Pfeilhöhe selbst nach den Gleichungen (32):

$$f_m = \frac{1}{27 c^2 l \sqrt{x_0}} \left\{\pm 2 \sqrt{\phantom{x}}^{\,3} - (a + c x_0)(5 a c x_0 - 2a^2 - 2c^2 x_0^2)\right\}. \quad (34)$$

Wenn man anderseits den Wert $x_0$ in die Gleichung (12) einsetzt, so erhält man für die Winkel der Austrittangenten der Saug- und Druckseite gegen die horizontale $X$-Achse:

$$\left.\begin{aligned} \operatorname{tg} \varepsilon_s &= \frac{1}{2\sqrt{x_0}} (a_s + 2 b_s \sqrt{x_0} + 3 c_s x_0) \\ \text{und} \\ \operatorname{tg} \varepsilon_d &= \frac{1}{2\sqrt{x_0}} (a_d + 2 b_d \sqrt{x_0} + 3 c_d x_0). \end{aligned}\right\} \quad \ldots (35)$$

Der Austrittwinkel der Saug- und Druckseite gegen die Sehne berechnet sich daraus nach (29):

$$\left.\begin{aligned} &\operatorname{tg} \alpha_s = \operatorname{tg} (\varepsilon_s - \alpha_e) \\ &= \frac{\sqrt{x_0}\,(c_s x_0 - a_s)}{2 x_0 + (a_s + b_s\sqrt{x_0} + c_s x_0)(a_s + 2 b_s\sqrt{x_0} + 3 c_s x_0)}, \\ &\operatorname{tg} \alpha_d = \operatorname{tg} (\varepsilon_d - \alpha_e) \\ &= \frac{\sqrt{x_0}\,(c_d x_0 - a_d)}{2 x_0 + (a_d + b_d\sqrt{x_0} + c_d x_0)(a_d + 2 b_d\sqrt{x_0} + 3 c_d x_0)}, \end{aligned}\right\} \quad (36)$$

und der Winkel der Austrittangenten gegeneinander, d. h. die hintere Zuschärfung des Profils, mit Hilfe von Gleichung (25)

$$\begin{aligned} &\operatorname{tg} \varepsilon_a = \operatorname{tg} (\varepsilon_d - \varepsilon_s) \\ &= 2\sqrt{x_0} \frac{a_s - a_d + (c_d - c_s)\, x_0}{4 x_0 + (a_s + 2 b_s\sqrt{x_0} + 3 c_s x_0)(a_d + 2 b_d\sqrt{x_0} + 3 c_d x_0)}. \quad (37) \end{aligned}$$

Endlich findet man noch für den Winkel der Mittellinie gegen die Sehne an der Austrittkante

$$\begin{aligned} &\operatorname{tg} \alpha_a = \operatorname{tg} \left(\frac{\alpha_s + \alpha_d}{2}\right) \\ &= \frac{\operatorname{tg} \alpha_s + \operatorname{tg} \alpha_d}{1 + \sqrt{1 + \operatorname{tg}^2 \alpha_s}\,\sqrt{1 + \operatorname{tg}^2 \alpha_d} - \operatorname{tg} \alpha_s \cdot \operatorname{tg} \alpha_d}. \quad (38) \end{aligned}$$

Die Gleichungen der Austrittangenten selbst lauten nach (15) in der Normalform:

$$\left.\begin{aligned} g_s &\equiv \frac{x(a_s + 2 b_s\sqrt{x_0} + 3 c_s x_0) - y \cdot 2\sqrt{x_0} + x_0(a_s - c_s x_0)}{\sqrt{(a_s + 2 b_s\sqrt{x_0} + 3 c_s x_0)^2 + 4 x_0}} = 0, \\ g_d &\equiv \frac{x(a_d + 2 b_d\sqrt{x_0} + 3 c_d x_0) - y \cdot 2\sqrt{x_0} + x_0(a_d - c_d x_0)}{\sqrt{(a_d + 2 b_d\sqrt{x_0} + 3 c_d x_0)^2 + 4 x_0}} = 0, \end{aligned}\right\} \quad (39)$$

also die Gleichung ihrer beiden Winkelhalbierenden, d. h. der Austrittangente der Mittellinie und der dazu senkrechten Geraden, in symbolischer Form:

$$g_s \pm g_d = 0 \quad \ldots \ldots \ldots (40)$$

## V. Berechnung der Beiwerte.

Wir haben in den vorstehenden Erörterungen eine Musterkarte der mathematischen Formeln von mehr oder weniger wichtigen Gestalteigenschaften der Profilkurven zusammengestellt. Aus diesen Werten für den Kopfkreisradius, die Pfeilhöhe der Saug- und Druckseite, die Zuschärfung der Austrittkante usw., die entweder gefordert oder aus vorliegenden Profilformen entnommen werden, kann man nun $a_s$, $b_s$, $c_s$ und $a_d$, $b_d$, $c_d$ berechnen. Die Formeln werden jedoch zum Teil recht kompliziert, so daß es einfacher erscheint und zugleich erfahrungsgemäß von Vorteil ist, zur Berechnung der Konstanten von den angegebenen Abmessungen nur den Kopfkreisdurchmesser $d$ nach Gleichung (24) und die Werte $x_0$ und $y_0$, d. h. die Koordinaten der Austrittkante, beizubehalten, im übrigen aber die beiden letzten Werte, die noch zur vollständigen Berechnung der sechs Konstanten nötig sind, aus zwei nach bestimmten Grundsätzen gewählten Kurvenpunkten zu ermitteln.

Für eine Parallele zur $Y$-Achse im Abstande $k \cdot x_0$, wobei $k$ ein echter Bruch ist, erhält man die Schnittpunkte $y_{ks}$ und $y_{kd}$ mit der Profilkurve. Mit Hilfe der Gleichungen (10), (24) und (25), von denen jede zwei Gleichungen darstellt, kann man alsdann die Konstanten durch die fünf gegebenen Werte $d$, $x_0$, $y_0$, $y_{ks}$ und $y_{kd}$ ausdrücken und erhält:

$$\left.\begin{aligned} a_s &= -a_d = \sqrt{d}, \\ b_s &= \frac{1}{k x_0}\left[\frac{y_{ks} - k\sqrt{k}\,y_0}{1 - \sqrt{k}} - \sqrt{d k x_0}\,(1 + \sqrt{k})\right], \\ b_d &= \frac{1}{k x_0}\left[\frac{y_{kd} - k\sqrt{k}\,y_0}{1 - \sqrt{k}} + \sqrt{d k x_0}\,(1 + \sqrt{k})\right], \\ c_s &= \frac{1}{k x_0 \sqrt{x_0}}\left[\frac{k y_0 - y_{ks}}{1 - \sqrt{k}} + \sqrt{d k x_0}\right], \\ c_d &= \frac{1}{k x_0 \sqrt{x_0}}\left[\frac{k y_0 - y_{kd}}{1 - \sqrt{k}} - \sqrt{d k x_0}\right]. \end{aligned}\right\} \quad . (41)$$

Für die praktische Berechnung eignet sich besonders die Wahl einer Parallelen zur $Y$-Achse im Abstande von einem Viertel der größten Abszisse $x_0$, nämlich

$$k = \frac{1}{4} = 0{,}25, \text{ also } x = \frac{1}{4} x_0. \quad \ldots (42)$$

In diesem Falle ergibt sich mit Hilfe der Gleichungen (41) an Stelle der Ansatzgleichung (10) die folgende, die nur noch die vorgegebenen fünf Werte $d$, $x_0$, $y_0$, $\bar{y}_s$ und $\bar{y}_d$ (letztere beiden sind die zu dem Werte $0{,}25 \cdot x_0$ gehörigen Größen $y_{ks}$ und $y_{kd}$) enthält:

$$\left.\begin{aligned} y_s = X \Big\{&+\sqrt{d x_0} + X\left[8\bar{y}_s - y_0 - 3\sqrt{d x_0}\right] \\ &+ 2X^2\left[y_0 - 4\bar{y}_s + \sqrt{d x_0}\right]\Big\}, \\ y_d = X \Big\{&-\sqrt{d x_0} + X\left[8\bar{y}_d - y_0 + 3\sqrt{d x_0}\right] \\ &+ 2X^2\left[y_0 - 4\bar{y}_d - \sqrt{d x_0}\right]\Big\}. \end{aligned}\right\} \quad (43)$$

Dabei ist $X$ zur Abkürzung für $\sqrt{\frac{x}{x_0}}$ gesetzt worden.

## VI. Ergebnis.

Wenn also ein praktisch gegebenes Flügelprofil durch eine mathematische Gleichung auszudrücken ist, oder eine solche Gleichung zum Zweck der Konstruktion einer planmäßigen Versuchsreihe von Flügelquerschnitten aufgestellt werden soll, so verfährt man nach dem Ergebnis des vorigen Abschnittes passend in folgender Weise: Man lege die Vorderkante mit der Stelle des geringsten Krümmungsradius, entsprechend dem Endpunkt der Knollerschen Mittellinie, so in den Nullpunkt eines Koordinatennetzes, daß die $X$-Achse

Tabelle 28.

**Zusammenstellung der Koordinaten zu der Bréguet-Rippe Nr. 33 nach Eiffel, nach der Originalabbildung und nach den Formeln (44) und (46).**

| Für $X$ = <br> oder $x$ = | 0,1 <br> 1,4 | 0,2 <br> 5,6 | 0,3 <br> 12,7 | 0,4 <br> 22,6 | 0,5 <br> 35,3 | 0,6 <br> 50,8 | 0,7 <br> 69,1 | 0,8 <br> 90,3 | 0,9 <br> 114,2 | 1,0 — <br> 141,0 mm |
|---|---|---|---|---|---|---|---|---|---|---|
| $y_s$ nach Eiffel. . . . . | + 1,8 | + 2,9 | + 3,1 | + 2,1 | — 1,1 | — 7,2 | — 16,0 | — 27,5 | — 42,1 | — 60,0 mm |
| $y_s$ nach Gleichung (44). | + 2,0 | + 3,3 | + 3,5 | + 2,2 | — 1,1 | — 6,7 | — 14,9 | — 26,3 | — 41,2 | — 60,0 mm |
| $y_s$ nach Gleichung (46). | + 2,2 | + 3,7 | + 3,9 | + 2,4 | — 1,1 | — 7,0 | — 15,7 | — 27,2 | — 41,9 | — 60,0 mm |
| $y_d$ nach Eiffel. . . . . | — 1,9 | — 2,9 | — 4,6 | — 7,3 | — 11,4 | — 16,8 | — 24,1 | — 33,8 | — 45,8 | — 60,0 mm |
| $y_d$ nach Gleichung (44). | — 2,0 | — 3,6 | — 5,5 | — 7,9 | — 11,4 | — 16,4 | — 23,3 | — 32,6 | — 44,6 | — 60,0 mm |
| $y_d$ nach Gleichung (46). | — 1,8 | — 3,2 | — 5,0 | — 7,6 | — 11,4 | — 16,8 | — 24,0 | — 33,5 | — 45,4 | — 60,0 mm |

Tangente an die Mittellinie, die $Y$-Achse Tangente an die Profilkurve selbst wird; dann bestimme man

1. den Durchmesser des kleinsten Krümmungskreises $d$,
2. die Abszisse der Austrittkante $x_0$,
3. die Ordinate der Austrittkante $y_0$,
4. die Ordinate der Saugseite für $x = \frac{1}{4} x_0$, $\bar{y}_s$,
5. die Ordinate der Druckseite für $x = \frac{1}{4} x_0$, $\bar{y}_d$.

Dann lautet die Gleichung der Profilkurve nach (43):

$$\left. \begin{aligned} y_s &= X(+A + X \cdot B_s + X^2 \cdot C_s), \\ y_d &= X(-A + X \cdot B_d + X^2 \cdot C_d), \end{aligned} \right\} \quad . \quad . \quad . \quad (44)$$

wobei die Abkürzungen bedeuten [vgl. (41)]:

$$\left. \begin{aligned} X &= \sqrt{\frac{x}{x_0}}, \\ A &= +\sqrt{d \cdot x_0}, \\ B_s &= 8\bar{y}_s - y_0 - 3A, \\ C_s &= 2y_0 - 8\bar{y}_s + 2A, \\ B_d &= 8\bar{y}_d - y_0 + 3A, \\ C_d &= 2y_0 - 8\bar{y}_d - 2A. \end{aligned} \right\} \quad . \quad . \quad . \quad . \quad (45)$$

Zur Berechnung der Kurven ist es vorteilhaft, die folgenden Abszissenwerte zu nehmen:

$$\frac{x}{x_0} = 0{,}00 \quad 0{,}01 \quad 0{,}04 \quad 0{,}09 \quad 0{,}16 \quad 0{,}25 \quad 0{,}36 \quad 0{,}49 \quad 0{,}64 \quad 0{,}81, \quad 1{,}00;$$

dann wachsen die Abstände zwischen den berechneten Kurvenpunkten von der Vorderkante nach hinten (parabolisch), ungefähr entsprechend der Zunahme des Krümmungsradius und der erforderlichen Genauigkeit, außerdem werden die entsprechenden Werte von $X$ recht einfach, nämlich:

$$X = 0{,}0 \quad 0{,}1 \quad 0{,}2 \quad 0{,}3 \quad 0{,}4 \quad 0{,}5 \quad 0{,}6 \quad 0{,}7 \quad 0{,}8 \quad 0{,}9 \quad 1{,}0.$$

Eine Kontrolle der Rechnung hat man dadurch, daß für $X = 0{,}0$ $0{,}5$ $1{,}0$ die zugehörigen Werte von $y_s$ lauten müssen: $y_s = 0{,}0$ $\bar{y}_s$ $y_0$, und die von $y_d$: $y_d = 0{,}0$ $\bar{y}_d$ $y_0$.

Wenn man die Gleichungen (44) durch $x_0$ dividiert, so erkennt man, daß $x_0$ nichts weiter darstellt als eine Maßeinheit für $x$ und $y$. Es ist jedoch im allgemeinen bequemer, $x_0$ nicht als Einheit zu nehmen, sondern alle vorkommenden Werte in der Einheit des betreffenden Koordinatennetzes, also im allgemeinen in Millimeter auszudrücken.

## VII. Ein Beispiel.

Daß die angegebene Methode in vielen Fällen zum Ziele führt, zeigt ein von Eiffel[1]) entnommenes Beispiel, das Tragdeckenprofil Nr. 33 von einem Bréguet-Doppeldecker, übrigens die einzige unter den von Eiffel untersuchten Formen, die uns praktisch verwendbar erscheint. Die im Koordinatennetz gemessenen und die berechneten Werte nach der angegebenen und nach einer weiter unten erwähnten genaueren Formel sind in der folgenden Tabelle 28 zusammengetragen und in Fig. 257 zur Darstellung gebracht. Man erkennt, daß die Übereinstimmung der vorliegenden und der nach Gleichung (44) berechneten Kurve im vorderen Teil der Saug-

[1]) G. Eiffel, Nouvelles Recherches sur la Résistance de l'Air et l'Aviation, Paris 1914, Text S. 115/116, Atlas Plan IV.

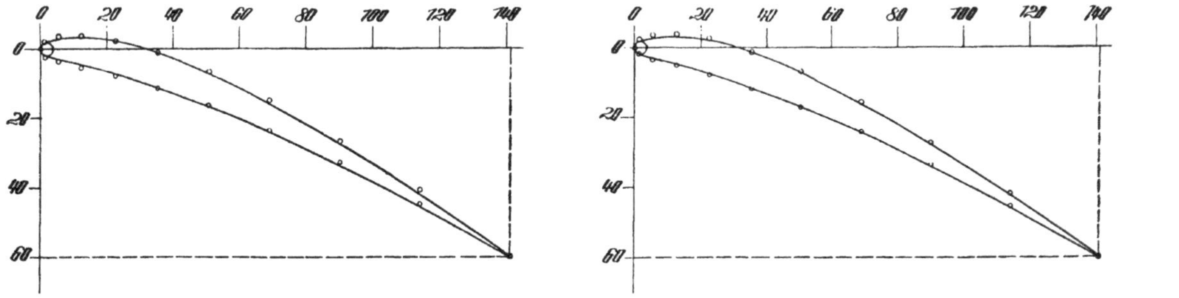


Fig. 257 und 258.

**Vergleich der Bréguet-Rippe** (Nr. 33 nach Eiffel, ausgezogen) mit den angesetzten Gleichungen (o o o o), in denen $X$ für $\sqrt{\frac{x}{141{,}0}}$ geschrieben wurde:

Links:

$$y_s = X(+22{,}5 - 16{,}3\,X - 66{,}2\,X^2) \text{ für die Saugseite und}$$
$$y_d = X(-22{,}5 + 36{,}3\,X - 73{,}8\,X^2) \text{ für die Druckseite.}$$

Rechts:

$$y_s = X(+22{,}5 + 30{,}6\,X - 113{,}1\,X^2) \text{ für die Saugseite und}$$
$$y_d = X(-22{,}5 + 88{,}5\,X - 126{,}0\,X^2) \text{ für die Druckseite.}$$

seite recht gut ist, daß dagegen im hinteren Teil von Saug- und Druckseite Abweichungen der berechneten Kurve nach oben, entsprechend einer stärkeren Wölbung, im vorderen Teil der Druckseite aber Abweichungen nach unten auftreten. Da die Rippe, wenn die Zahlenangaben des Bildes Millimeter bedeuten, etwa im Maßstab 1:10 dargestellt ist (Fig. 257 ist jedoch noch auf die Hälfte verkleinert, also im Maßstab 1:20 wiedergegeben), so betragen die Abweichungen in Wirklichkeit höchstens 12 mm.

## VIII. Verbesserung der Formel.

Trotzdem gelingt es in dem vorliegenden Falle, die Übereinstimmung der gegebenen und der nach Gleichung (44) berechneten Kurve noch weiter zu verbessern, wenn man an der Formel eine kleine Abänderung anbringt, die zwar die Berechnung der allgemeinen Eigenschaften und der Zahlenwerte komplizierter gestaltet, aber eine Kurve von nahezu demselben Charakter ergibt. In der Gleichung (44) wird nämlich statt der Größe $X^2$ der Wert $X^{\frac{3}{2}}$ oder $\sqrt{X^3}$ eingeführt. Dann folgt:

$$\left.\begin{array}{l} y_s = X\,(+A + X \cdot B_s + \sqrt{X^3} \cdot C_s) \text{ für die Saugseite} \\ \text{und} \\ y_d = X\,(-A + X \cdot B_d + \sqrt{X^3} \cdot C_d) \text{ für die Druckseite,} \end{array}\right\} \quad (46)$$

und statt der Gleichungen (45) zur Bestimmung der Konstanten ergeben sich etwas verwickeltere Beziehungen. Die Berechnung liefert in genau der gleichen Weise wie im vorigen Abschnitt die Werte, die in der jeweils dritten Zeile der Tabelle 28 angegeben sind. Den Vergleich der berechneten mit der gegebenen Kurve zeigt Fig. 258. Man erkennt, daß der vorher gut übereinstimmende Verlauf des vorderen Stückes der Saugseite jetzt mit größeren Abweichungen behaftet ist, daß dagegen die Übereinstimmung der anderen Teile sich bedeutend verbessert hat. Die Abweichungen betragen jetzt, auf natürliche Größe bezogen, nur noch 4 mm, ein Betrag, auf dessen weitere Verkleinerung man in Anbetracht der Ungenauigkeiten bei der Wiedergabe der Eiffelschen Flügelumrißkurven im Druck und beim Entwerfen der in der Praxis verwendeten Rippenprofile verzichten kann.

## IX. Zusammenfassung.

Es wird der Nachweis geführt, daß es möglich ist, einen allgemeinen Ansatz für die mathematische Gleichung von Tragflügel- und Treibschraubenprofilen aufzustellen, der einfach ist und doch die aerodynamisch wichtigsten Gestaltverhältnisse solcher Formen für Versuchszwecke planmäßig zu verändern gestattet.

Die allgemeinen Eigenschaften der aus diesem Ansatz folgenden Profilkurven werden im Hinblick auf die Berechnung der Formelbeiwerte untersucht.

An einem Beispiel wird gezeigt, daß man wenigstens eine Anzahl praktisch vorkommender Flügelprofile mit einiger Annäherung durch die Formel darzustellen vermag.

Durch eine kleine Abänderung der Formel kann diese Annäherung noch verbessert werden.